Sitzungsberichte
der Akademie der Wissenschaften
der DDR
Mathematik – Naturwissenschaften – Technik

17N
1982

Theorie der Adsorption an Zeolithen

AKADEMIE-VERLAG · BERLIN

Sitzungsberichte
der Akademie der Wissenschaften
der DDR
Mathematik — Naturwissenschaften — Technik

Jahrgang 1982 · Nr. 17/N

Theorie der Adsorption an Zeolithen

AKADEMIE-VERLAG · BERLIN
1982

Vorträge gehalten auf einer gemeinsamen
Sitzung von Vertretern der Klasse Chemie
und des Zentralinstituts für physikalische
Chemie der AdW der DDR am 9. September 1981
anläßlich des 80. Geburtstages von
Prof. Dr. Dr. h. c. M. M. Dubinin, Auswärtiges Mitglied der AdW der DDR

Herausgegeben im Auftrage
des Präsidenten der Akademie
der Wissenschaften der DDR
von Vizepräsident Prof. Dr. Heinrich Scheel

ISSN 0138-3956
Erschienen im Akademie-Verlag, DDR 1086 Berlin, Leipziger Str. 3–4

Lizenznummer: 202 · 100/54/83
Printed in the German Democratic Republic
Gesamtherstellung: VEB Druckhaus Köthen
LSV 1215
Bestellnummer: 763 176 6 (2010/82/17/N)
DDR 6,– M

Inhalt

Klaus Fiedler, Helmut Stach und Wolfgang Schirmer

Theoretische Untersuchungen zum Adsorptionsgleichgewicht von unpolaren Adsorptiven an Zeolithen vom Faujasittyp

1. Einführung

Zeolithische Molekularsiebe haben als Sorbentien in vielen Industriezweigen Anwendung gefunden, insbesondere bei petrolchemischen Trennverfahren. Trendanalysen zeigen, daß ihr Einsatz weiterhin ansteigt [1]. So wird beispielsweise die Produktion von *n*-Paraffinen mittlerer Kettenlänge durch Selektivadsorptionen an Zeolithen vom Typ 5 A aus Erdöldestillaten im Weltmaßstab zunehmen [2]. Die Notwendigkeit zur effektiveren Gestaltung der technischen adsorptiven Trennprozesse erfordert eine große Zahl experimenteller und auch theoretischer Angaben über das Adsorptionsgleichgewicht, die Adsorptionskinetik und -dynamik der entsprechenden Adsorbatsysteme. Neben der Forderung nach umfassenderen und genaueren experimentellen Untersuchungen besteht ein Bedarf an einer möglichst allgemein und an wenig Voraussetzungen gebundenen Theorie der physikalischen Adsorption an Zeolithen. Ausgangspunkt und Hauptgegenstand einer solchen Theorie muß das Adsorptionsgleichgewicht sein.

Für mikroporöse Adsorbentien wurde von Dubinin die Theorie der Volumenausfüllung von Mikroporen ausgearbeitet [3]. Die ihr folgenden Gleichungssysteme konnten sehr erfolgreich zur Beschreibung der Adsorption an mikroporösen Kohlen [4, 5] und auch zur Wiedergabe zahlreicher zeolithischer Adsorptionssysteme [6, 18] eingesetzt werden. Ihre Übertragung auf die zeolithische Adsorption der homologen Reihe von *n*-Paraffinen, die in einem breiten Temperaturintervall verfolgt wurde, ergab, daß im Bereich sehr geringer Partialdrücke und in der Nähe der Sättigungsbeladungen die Wiedergabe der Gleichgewichtsdaten durch Dubinin-Gleichungen Schwierigkeiten bereitet [7]. In manchen Fällen, insbesondere in Adsorptionssystemen mit stufenförmigen Isothermen, läßt sich die Isothermengleichung gar nicht verwenden. Ebenso wird von der Dubininschen Theorie der Anstieg der differentiellen Adsorptionswärme mit zunehmender Beladung nicht beschrieben [20]. Es war daher notwendig, bei der theoretischen Bearbeitung der experimentiellen Untersuchungen der *n*-Paraffinadsorption an Zeolithen den Anwendungsbereich der Dubinin-Raduskevic-Gleichung zu analysieren [8] und davon ausgehend allgemein gültige Ansätze zu entwickeln [9]. Die vorliegende Arbeit stellt sich das Ziel, ausgehend von umfangreichen experimentellen Untersuchungen zur

Gleichgewichtsadsorption von *n*-Paraffinen an Zeolithen vom Faujasittyp [10, 11] und Literaturdaten aktuelle theoretische Ansätze zur mathematischen Beschreibung des Adsorptionsgleichgewichtes zusammenfassend zu behandeln und dabei besonders die Zusammenhänge zwischen den für die Wiedergabe dieser Systeme verwendbaren Isothermengleichungen zu berücksichtigen und ihre Leistungsfähigkeit einzuschätzen.

2. *Experimentelles*

Zur Untersuchung der Gleichgewichtsadsorption der n-Paraffine an Zeolithen vom Typ 5 A wurden die Methoden der Messung von Isothermen und Isosteren [12] sowie der Adsorptionskalorimetrie eingesetzt. Die Aufnahme der Adsorptionsisothermen erfolgte sowohl unter Verwendung einer Adsorptionswaage nach McBain-Bakr als auch nach der volumetrischen Methode. Dabei wurde die Adsorption der leichten Kohlenwasserstoffe volumetrisch gemessen, die der längerkettigen *n*-Paraffine ($\geqslant$ *n*-Dekan) gravimetrisch. Experimentelle Details zu den Adsorptionsapparaturen sind in [13, 14, 15] angegeben. Die Meßgenauigkeit bei den Adsorptionsuntersuchungen wird vor allem durch die Exaktheit der Druckmessungen bestimmt. Für die Druckmessungen im Bereich $p < 10$ Pa wurden Membranmanometer eingesetzt, im Bereich $10 < p < 1000$ Pa erfolgte die Druckmessung unter Einsatz von McLeod-Manometern und bei noch größeren Partialdrücken wurden U-Rohr-Manometer verwendet. In einigen Fällen wurde der Gleichgewichtsdruck nicht gemessen, sondern über das Phasengleichgewicht Dampf/Flüssigkeit eingestellt und unter Verwendung der exakt gemessenen Temperatur mit Hilfe bekannter Dampfdruckgleichungen berechnet. Bei allen Untersuchungen galt der exakten Einstellung des Adsorptionsgleichgewichtes große Aufmerksamkeit. Der mittlere Fehler in der Bestimmung der adsorbierten Mengen liegt bei den thermogravimetrischen Messungen bei 0,004 mmol/g und bei der Bestimmung der Adsorptionswärme aus den so ermittelten Isothermen bei $\pm$ 2 kJ/mol.

Für die Messung der Adsorptionswärmen wurde ein Mikrokalorimeter vom Calvet-Typ [16] verwendet. Seine Empfindlichkeit beträgt 50 $\frac{\mu V}{mW}$ [17]. Die meisten kalorimetrischen Messungen erfolgten bei Zimmertemperatur. Der mittlere Fehler in der Bestimmung der Adsorptionswärme beträgt $\pm$ 0,8 kJ/mol [18]. Als Adsorbentien wurden kristalline Zeolithe vom Typ NaMgA und NaCaA aus dem Chemischen Kombinat Bitterfeld (Zeosorb 5 A und 5 AM) ohne Zusatz von Bindemitteln eingesetzt. Einige Eigenschaften sind in Tab. 1 zusammengestellt. Nach der Entwässerung bei 400 °C im Hochvakuum enthielten die untersuchten Zeolithe noch eine geringere Zahl an OH-Gruppen [19].

Tabelle 1 Eigenschaften der Zeolithe

Zeolithe	Elementarzelle	Hohlräume/ $[g^{-1}]$	Gitter-konstante/ [nm]
NaCaA	$Na_{2,4}Ca_{4,8}[(AlO_2)_{12}(SiO_2)_{12}]$	$3{,}46\ 10^{20}$	1,223
NaMgA	$Na_{8,8}Mg_{1,6}[(AlO_2)_{12}(SiO_2)_{12}]$	$3{,}56\ 10^{20}$	1,228

3. Theoretische Behandlung experimenteller Daten des Adsorptionsgleichgewichtes unpolarer Adsorptive an Zeolithen vom Faujasittyp

3.1. Darstellung und Modifizierung der Dubinischen Theorie der Volumenausfüllung in mikroporösen Adsorbentien

Die Theorie der Volumenausfüllung [20, 21, 22] von Mikroporen geht von einem definierbaren begrenzten Adsorptionsvolumen aus. Im Gegensatz dazu war das von Polanyi [22, 23] betrachtete Adsorptionsvolumen, beginnend an der äußeren Oberfläche eines Adsorbens prinzipiell unbegrenzt. Das Adsorptionsenergiepotential nähert sich jedoch in großer Entfernung von der Adsorbensoberfläche dem Wert Null, macht eine Auffüllung mit Adsorbat unwahrscheinlich und legt damit die Annahme eines definierten Volumens nahe. Als Folge der Beschränkung des Volumens [24], die der Struktur von mikroporösen Adsorbentien angepaßt ist, ergeben sich einige Konsequenzen. So muß die Verteilungsdichte des Raumes über der Energie oberhalb einer bestimmten Energie (hier zweckmäßig gleich Null gesetzt) verschwinden. Weiterhin besitzt das Adsorptionsvolumen einen dominierenden Wert für das Energiepotential, bei dem die Verteilungsdichte ein Maximum aufweist. Außerdem wird ein Verteilungsparameter notwendig, der die unter den genannten Bedingungen möglichen Formen fixiert. Von Dubinin wurde die Weibull-Verteilung [43] gewählt. Sie wird durch die normierte Dichte,

$$\frac{V(E)}{W_0} = -\frac{\nu}{E_m}\left(\frac{E}{E_m}\right)^{\nu-1} \exp\left\{-\left(\frac{E}{E_m}\right)^{\nu}\right\} \tag{1}$$

beschrieben. Dabei ist E_m eine charakteristische Energie, für die

$$E_m = \frac{2}{\sqrt{\pi}} M(E) \tag{2}$$

gilt und die mit dem Erwartungswert $M(E)$ der Energie E in Beziehung steht ν ist ein Verteilungsparameter. Mit steigendem ν ordnet sich die Verteilung immer schärfer um $E = E_m$ an.

Ursprünglich war in der Theorie der Volumenausfüllung von Mikroporen die Verteilung enger gefaßt [17], als sie überhaupt auf empirischem Wege gefunden wurde. Zunächst wurde $\nu = 2$ verlangt, danach wurden auch andere ganzzahlige Werte ($2 \leqq \nu \leqq 6$) zugelassen [25]. HOBSON zeigte später, daß ν den Charakter eines Verteilungsparameters hat und beliebige Werte von $\nu > 0$ verwendbar sind [26].

In diesem durch die genannte Energieverteilung charakterisierten Volumen läuft die Adsorption ab. Dabei wird das Adsorbat so weit verdichtet und die Adsorbat-Adsorbat-Wechselwirkung so erhöht, daß das Adsorbat einen flüssigkeitsähnlichen Charakter erhält. Die Energie ε, bis zu der bei einem bestimmten p und T das Volumen aufgefüllt wird, kann man aus dem potentialabhängigen (barometrischen) Druck

$$p_B = p \cdot \exp\{-\varepsilon/RT\} \tag{3}$$

bestimmen, indem man

$$\varepsilon = RT \ln p/p_s \tag{4}$$

setzt. ($p_s = p_s(T)$ – Sättigungsdampfdruck)

Die Integration über die Verteilungsdichte von $E = -\infty$ bis zu der bestimmten Energie ε ergibt das aufgefüllte Volumen. Bei Kenntnis der Dichte des Adsorbates (sie wird für unpolare Molekeln unterhalb des Siedepunktes gleich der Dichte der Flüssigkeit gesetzt) [38], erhält man so die adsorbierte Menge a und damit die bekannte Isothermengleichung

$$a(p,T) = \varrho^*(T) \cdot W_0 \cdot \exp\left\{-\left(\frac{RT \ln p/p_s}{E_m}\right)^\nu\right\} \tag{5}$$

mit W_0 als Adsorptionsvolumen und ϱ^* als Dichte des Adsorbates.

Es ist möglich, diese Gleichung als ein Integral über unabhängige Volumenschichten $V(E)$ mit fester Energie E aufzufassen, in denen die Adsorption durch die große Zustandssumme $\Xi\ (E, T)$ beschrieben wird:

$$\Xi(E,T) = 1 + (\tilde{Q}(E,T) \cdot \lambda)^{a(E,T)\cdot L} \tag{6}$$

Dabei ist $\tilde{Q}(E,T) = \tilde{Q}(T)e^{-E/RT}$ die molekulare kanonische Zustandssumme eines in den $V(E)$ adsorbierten Teilchens und λ die absolute Aktivität. Es folgen in bekannter Weise die Gleichungen $a\ (E,\ p,\ T)$ für die Partialisothermen der Volumenschichten.

$$a(E,p,T) = \frac{\partial \ln \Xi(E,T)}{\partial \ln \lambda} = \frac{a(E,T) \cdot (\tilde{Q}(E,T)\lambda)^{a(E,T)\cdot L}}{1 + (\tilde{Q}(E,T)\lambda)^{a(E,T)\cdot L}} = \begin{cases} 0, \lambda < 1/\tilde{Q}(E,T) \\ a(E,T), \lambda > 1/\tilde{Q}(E,T) \end{cases} \tag{7}$$

$a(E,T) \cdot L \gg 1, \quad L$ — Loschmidtzahl

Aus ihrem sprungförmigen Kurvenzug läßt sich ein kondensationsähnlicher Verlauf der adsorptiven Auffüllung der Volumenschichten erkennen. In standardisierter Form erhält die absolute Aktivität den Wert $\lambda = \frac{p/p_0}{T/T_0}$.

Da das Adsorptiv im freien Gas bei $p = p_s(T)$ kondensiert und in $V(E)$ der Sprung in der Isotherme bei

$$p = (T/T_0)\, p_0\, e^{E/RT}/\tilde{Q}\,(T) = p_s\,(E,T)$$

$$p_s(E,T) = p_s(T)e^{E/RT} \tag{8}$$

erfolgt, gilt, wenn die Kondensationsverhältnisse in $V(E)$ die gleichen wie im freien Gas sind,

$$\tilde{Q}(T)\,\lambda = p/p_s, \qquad \tilde{Q}(E,T)\,\lambda = p/p_s\,(E,\,T) \tag{9}$$

Diese Beziehung steht dann wieder im Einklang mit der Gleichung (4). Der Sprung in der Partialisotherme von $V(E)$ erfolgt bei einem Druck, der der Beziehung

$$E = RT \ln p/p_s \tag{10}$$

genügt.

Die Gesamtisotherme ergibt sich dann zu

$$a(p,T) = \int_{-\infty}^{\infty} a(E,p,T)dE \tag{11}$$

$$a(p,T) = \int_{-\infty}^{\infty} \frac{a(E,\,T)(p/p_s(E,\,T))^{a(E,T)\cdot L}}{1 + (p/p_s(E,\,T))^{a(E,T)\cdot L}}\,dE$$

$$= \int_{-\infty}^{\infty} a(E,\,T)\vartheta(p - p_s(E,\,T))dE \tag{12}$$

ϑ — Heavisidefunktion

Bei der Annahme einer über der Adsorptionsenergie einheitlichen Dichte

$$\varrho(E,T) = \varrho(T) = \underset{E}{\text{const}}\ (T) \tag{13}$$

folgt

$$a(E,\,T) = \varrho(T)\cdot V(E) \tag{14}$$

und

$$a(p,\,T) = \varrho(T) \int_{-\infty}^{\varepsilon} V(E)dE \tag{15}$$

Durch die letzten Gleichungen (14) und (15) wird die Volumenausfüllung der Mikroporen deutlich sichtbar.

Eine erste Verallgemeinerung sei hier angegeben. Da wegen der geringen Hohlraumgröße nicht unbedingt zu erwarten ist, daß in den Zeolithen die bis auf das Potentialfeld gleichen Kondensationsbedingungen vorliegen wie in der Gasphase, wird von uns anstelle der Dampfdruckkurve $p = p_s$ des freien Gases eine modifizierte Dampfdruckkurve $p = p_Z$, die in den Volumenschichten innerhalb der Hohlräume von Zeolithen gelten soll, eingeführt, so daß anstelle (8) folgt

$$p_s(E, T) = p_Z(T)e^{E/RT} \tag{16}$$

Die Molekülgröße muß allerdings Schichtbildung zulassen. Für p_Z wird eine einfache Temperaturabhängigkeit

$$\ln p_Z = \ln A^* + E^*/RT \tag{17}$$

angesetzt. Damit ergibt sich eine modifizierte DUBININ-RADUSKEVIC-Gleichung

$$a(p,T) = \varrho(T) \cdot W_0 \exp\left\{-\left(\frac{(RT \ln p/A^* - E^*}{E_m}\right)^{\nu}\right\} \tag{18}$$

die im Vergleich zu (5) bei bekanntem $\varrho(T)$ fünf Parameter W_o, E_m, ν, A^* und E^* enthält. Für die Adsorption von n-Paraffinen an zeolithischen Molekularsieben sollte, wie später noch gezeigt wird, anstatt (5) eher die Gleichung (18) verwendet werden. Es kommt hinzu, daß bei der zeolithischen Adsorption keine Unterschiede im Verlauf der Isosteren unterhalb und oberhalb des kritischen Punktes auftreten.

Für den Fall, daß das Adsorptionsvolumen W_0 sich aus zwei sich verschieden verhaltenden Mikrohohlräumen W_{01} und W_{02} zusammensetzt,

$$W_0 = W_{01} + W_{02} \tag{19}$$

wurde von DUBININ und ASTACHOV eine zweigliedrige Gleichung angegeben [25].

$$a(p,T) = a_1(p,T) + a_2(p,T) \tag{20}$$

$$a_i(p,T) = \varrho(T) W_{oi} \exp\left\{-\left(\frac{(RT \ln p/p_s}{E_{mi}}\right)^{\nu i}\right\} \tag{21}$$

Auch diese Gleichung kann in der soeben geschilderten Weise modifiziert werden, wobei jedem W_{01} eine eigene Gleichung für p_{Zi} zugeordnet werden kann.

Die Deutung der modifizierten DUBININ-ASTACHOV-Gleichung ist nicht an die Zerlegung des Adsorptionsvolumens gebunden, vielmehr kann das Adsorbat auch in zwei verschiedenen Dichten verliegen, für die natürlich verschiedene Dampfdruckkurven gelten.

$$\begin{aligned} a(p,T) = {} & \varrho_1(T) W_0 \exp\left\{-\left(\frac{RT \ln p/A_1^* - E_1^*}{E_{m1}}\right)^{\nu_1}\right\} + \\ & + (\varrho_2(T) - \varrho_1(T)) W_0 \exp\left\{-\left(\frac{RT \ln p/A_2^* - E_2^*}{E_{m2}}\right)^{\nu_2}\right\} \end{aligned} \tag{22}$$

mit $\varrho_2(T) > \varrho_1(T)$. Nach dieser Gleichung sind zeolithische Adsorptionsvorgänge besser zu deuten als nach Gleichung (5).

3.2. Darstellung der Zellentheorie [27]

Für zeolithische Systeme wurde unter Verwendung der statistischen Thermodynamik eine Zellentheorie entwickelt [27, 28, 29], die noch stärker auf die Struktur der Adsorbentien Bezug nimmt als die Theorie der Volumenausfüllung. Auf eine weitere aktuelle Theorie, die von BERING und SERPINSKI entwickelt wurde [44], wird hier nicht eingegangen, da ihr innerer Zusammenhang mit der Theorie der Volumenausfüllung mit Mikroporen bereits in [20] dargestellt wurde. Nach der Zellentheorie wird allgemein der Zeolith in Gruppen unterschiedlicher Zellen eingeteilt, in denen die Adsorption energetisch unabhängig voneinander abläuft. Im besonderen werden diese Zellen, mit den Zeolithohlhräumen identifiziert und in den Fällen, in denen die Kationenpositionen festliegen, wird auch nur ein Typ von Hohlräumen angenommen (Zeolithe vom Typ A).

Ist allerdings die Separierbarkeit eines Hohlraumes bei Zeolithen mit einer offeneren Struktur nicht mehr ausreichend gewährleistet (wie bei den X- und Y-Typen), so werden mehrere Hohlräume umfassende (oder andere zweckmäßige Volumenelemente) als Zellen betrachtet. Die große Zustandssumme Ξ des Adsorptionssystems wird deshalb in ein Potenzprodukt über die mit k indizierten Typen von Zellen zerlegt:

$$\Xi = \prod_{k=1}^{K} \Xi_k^{N_k} \tag{23}$$

wobei die große Zustandssumme einer Zelle des Types k lautet

$$\Xi_k = 1 + \sum_{i=1}^{I_k} Q_{k,i}\, \lambda^{n_{k,i}} \tag{24}$$

Die Q_{ki} sind zweckmäßig auf (T, v_0) standardisierte,[1] kanonische Zustandssummen, λ ist wieder die (T, v_0)-standardisierte absolute Aktivität. Daraus folgt die Isothermengleichung

$$a = \frac{\partial \ln \Xi}{\partial \ln \lambda} = \sum_{k=1}^{K} N_k\, \theta_k = N\theta \tag{25}$$

mit N_k - Anzahl der Zellen vom Typ k und θ_k - mittlere Besetzungszahl dieser Zellen.

$$\theta_k = \sum_{i=1}^{I_k} n_{k,i}\, \theta_{k,i} \tag{26}$$

[1] $v_0 = RT_0/p_0$, Normalvolumen

wobei θ_{ki} nun die bedingte Wahrscheinlichkeit des Besetzungszustandes i mit n_{ki} Teilchen einer Zelle vom Typ k ist:

$$\theta_{k,i} = \frac{\theta_{k,i}\,\lambda^{n_{k,i}}}{1 + \sum_{j=1}^{I_k} Q_{k,j}\,\lambda^{n_{k,j}}} \tag{27}$$

$$\theta_{k,o} = \frac{1}{1 + \sum_{j=1}^{I_k} Q_{k,j}\,\lambda^{n_{k,j}}} \tag{28}$$

ist die Wahrscheinlichkeit, daß eine Zelle vom Typ k leer ist. Die Wahrscheinlichkeiten $\theta_{k,i}$ erfüllen die Normierungsbedingungen

$$\theta_{k,o} + \sum_{i=1}^{I_k} \theta_{k,i} = 1 \tag{29}$$

Durch

$$\vartheta_{k,i} = \frac{N_k}{N}\,\theta_{k,i}, \qquad N = \sum_{k=1}^{K} N_k \tag{30}$$

lassen sich absolute Wahrscheinlichkeiten definieren, deren Erwartungswerte (M(f)), Dispersionen ($D(f, g)$) und dritte Momente ($B(f, g, h)$) berechnet werden können. Einfache Kombinationen dieser Größe ergeben die thermodynamischen Funktionen des Adsorptionssystems. Diese lassen sich in einem formalen Schema zusammenstellen.

Für beliebige Funktionen f, g, h über die Besetzungszustände (k, i), also $f = f_{k,i}, \ldots, h = h_{k,i}$ gilt

$$Mf \overset{def}{=} M(f) = \sum_{k,i} \vartheta_{k,i} f_{k,i} \tag{31}$$

$$D(f,g) = M((f - Mf) \cdot (g - Mg)) \tag{32}$$

$$B(f, g, h) = M((f - Mf) \cdot (g - Mg) \cdot (h - Mh)) \tag{33}$$

Es folgt nun

$$1 = M(1) \text{ Normiertheit} \tag{34}$$

$$\theta = M(n),\; n = n_{k,i};\; n_{k,o} = 0 \tag{35}$$

$$a = N\,\theta \tag{36}$$

$$\Delta\tilde{E} = M(E)/M(n);\; E_{k,i} = \tilde{E}_{k,i} n_{k,i};\; \tilde{E}_{k,o} = 0 \tag{37}$$

$$\Delta\tilde{S} = M(S)/M(n);\; S_{k,i} = (\tilde{S}_{k,i} - R - R \ln T/T_0) n_{k,i} - R \ln \Theta_{k,i}$$

$$\tilde{S}_{k,o} = 0 \tag{38}$$

$$\Delta\bar{E} = D(E,n)/D(n,n) \tag{39}$$

$$\Delta\bar{S} = D(s,n)/D(n,n) \tag{40}$$

$$\Delta\tilde{C} = \frac{D(E,E)D(n,n) - D(E,n)D(E,n)}{RT^2\, D(n,n)M(n)} + \frac{M(c)}{M(n)}, \quad \begin{aligned} C_{k,i} &= \tilde{C}_{k,i} \cdot n_{k,i} \\ \tilde{C}_{k,i} &= \frac{\partial \tilde{E}_{k,i}}{\partial T} \end{aligned} \tag{41}$$

$$\Delta\bar{C} = \frac{1}{RT^2[D(n,n)]^3}\,[B(E,E,n)D^2(n,n) - 2B(E,n,n)D(E,n)D(n,n)$$

$$+ B(n,n,n)D(E,n)^2] + \frac{D(c,n)}{D(n,n)} \tag{42}$$

Diese Darstellung gestattet die Zerlegung nach den einzelnen Zellentypen k und weiter bei gegebenem Zellentyp nach den Besetzungszuständen i. Das Zerlegungsgesetz basiert auf den Formeln

$$Mf = MM_k f \tag{43}$$

$$D(f,g) = MD_k(f,g) \tag{44}$$

so ergibt sich z. B.

$$\Delta\bar{E} = \frac{MD_k(E,n)}{MD_k(n,n)} \tag{45}$$

Für den häufig eintretenden Spezialfall nur eines Zellentyps seien einige Funktionen angegeben (Index k fortgelassen).

$$\Delta\tilde{E} = \frac{1}{\theta} \sum_{i=1}^{I} n_i \theta_i E_i \tag{46}$$

$$\overline{\Delta E} = \frac{\sum_{i=1}^{I} n_i(n_i - \theta)\theta_i E_i}{\sum_{i=1}^{I} n_i(n_i - \theta)\theta_i} \tag{47}$$

diese gehen bei nur zweifacher Besetzung der Zelle über in [30]:

$$\Delta\tilde{E} = E_1 + \frac{\theta_2}{\theta_1} E_2 \tag{48}$$

$$\Delta\bar{E} = E_1 + \frac{(2 - \theta)\theta_2 E_2}{(1 - \theta)\theta_1 + 2(2 - \theta)\theta_2} \tag{49}$$

weiter ergeben sich für den Fall mehrerer Typen von einfach besetzten Zellen (Multi-Langmuir-Fall, Index i fortgelassen):

$$\Delta\tilde{E} = \frac{1}{\theta}\sum_{k=1}^{K} E_k\vartheta_k \tag{50}$$

$$\Delta\bar{E} = \frac{\sum\limits_{i=1}^{K} E_k\theta_k(1-\theta_k)\vartheta_k}{\sum\limits_{k=1}^{K} \theta_k(1-\theta_k)\vartheta_k} \tag{51}$$

Interessant an der Zellentheorie ist, daß sie bei geeigneter Zellenwahl (sehr große Zellen), die Bereiche einheitlicher Energie umfassen und unter Berücksichtigung einer Adsorbat-Adsorbat-Wechselwirkung, die dadurch zum Ausdruck kommt, daß eine bestimmte Besetzungszahl dieser Zellen eine kanonische Zustandssumme besitzt, die im Verhältnis zu den Zustandssummen der übrigen Besetzung sehr groß ist, die Bedingungen der Theorie der Volumenausfüllung reproduziert.

$$\Xi_k = 1 + Q_{k,I}\,\lambda^{n_{k,I}} \tag{52}$$

$$n_{k,I} = \varrho \cdot V(E_{k,I}) \tag{53}$$

Damit ist prinzipiell die Möglichkeit gegeben, die Gültigkeit der Theorie der Volumenausfüllung vom Standpunkt der Zellentheorie aus zu überprüfen, z.B. dann, wenn die kanonischen Zustandssummen $Q_{k,i}$ a priori berechnet werden können.

3.3. Anwendung der Theorien zur Beschreibung des Adsorptionsgleichgewichts an ausgewählten Systemen und zum Vergleich ihrer Leistungsfähigkeit

In diesem Abschnitt werden die in den vorhergehenden Abschnitten 3.1. und 3.2. entwickelten Gleichungen a posteriori auf einige Experimente angewendet. Die Gleichungen enthalten bestimmte Parameter, nach denen sie einfach differenziert werden können. Dadurch ist es möglich, einfache Parametersuchverfahren einzusetzen. So erhält man einmal eine Information, wie gut die Meßwerte durch die Gleichungen wiedergegeben werden können, zum anderen kann wegen der physikalischen Bedeutung der Parameter deren Sinnfälligkeit abgeschätzt werden.

Bei der Zellentheorie gliedert man die Besetzungszustände soweit auf, daß sie gleichzeitig Energiezustände darstellen.

Für nicht zu große Temperaturbereiche genügt meistens ein Energieniveau je Besetzungszahl. Die kanonische Zustandssumme $Q_{k,i}$ kann durch eine Entropiekonstante $S_{k,i}$ und Energiekonstante $E_{k,i}$ charakterisiert werden:

$$Q_{k,i} = \exp\frac{n_{k,i}}{RT}(S_{k,i}T - E_{k,i}) \tag{54}$$

Das bedeutet, daß für die drei Konstanten $n_{k,i}$, $S_{k,i}$ und $E_{k,i}$ ein Summand in der großen Zustandssumme auftritt. Gibt es mehr als ein Energieniveau je Besetzungszahl $n_{k,i}$, so treten zu diesem Wert mehrere Summanden auf. Wir sehen, daß die Zerlegung der großen Zustandssumme mit einer Aufgliederung des Adsorptionssystems in kleine thermodynamische Teilsysteme gleichbedeutend ist, denen neben der Besetzung und der Energie auch eine Entropie zugeordnet ist. Diese Größen sind innere integrale Werte des kleinen Systems. Zur Bestimmung der spezifischen Wärmen kann es deshalb notwendig sein, auch eine innere Molwärme $C_{k,i}$ des kleinen Systems zu kennen. Dieser Fakt wird dann bedeutsam, wenn bei a priori-Berechnungen die Systemeigenschaften der kleinen Systeme für Extrapolationen auf andere Temperaturen benutzt werden sollen (Histogramm-Methode) [60].

Bei einer a posteriori Überprüfung der Gültigkeit der Gleichungen der Zellentheorie anhand von experimentellen Daten spielt die Anpassung an die Werte der Gleichgewichtsbeladung die größte Rolle. Aus diesem Grunde muß die Isothermengleichung nach den gesuchten Parameterwerten N_k, $S_{k,i}$ und $E_{k,i}$ differenzierbar sein.

Die möglichen $n_{k,i}$ legt man zweckmäßigerweise durch Vorabüberlegungen fest. Die Differentiationen ergeben dann

$$\frac{\partial a}{\partial \ln Q_{k,i}} = N_k \theta_{k,i}(1 - \theta_{k,i}) \qquad \frac{\partial_a}{\partial N_k} = \theta_k \tag{55}$$

$$\frac{\partial \ln Q_{k,i}}{\partial E_{k,i}} = - \frac{n_{k,i}}{RT} \tag{56}$$

$$\frac{\partial \ln Q_{k,i}}{\partial S_{k,i}} = \frac{n_{k,i}}{R} \tag{57}$$

Wenn die adsorptiven Gleichgewichtsdaten nur für eine Temperatur vorliegen, so läßt sich der Ausdruck

$$S_{k,i}T - E_{k,i} = - F_{k,i} \tag{58}$$

nicht in die Energie- und Entropiewerte aufgliedern, sondern ist nur als Ganzes, als Freie Energie bestimmbar.

Eine Berechnung der Freien Energie ist auch zur Überprüfung der linearen Abhängigkeit der $F_{k,i}$ von der Temperatur zu empfehlen, weil es zeigt, ob die Wiedergabe mit einem Energieniveau für eine Besetzung gerechtfertigt ist. In Abb. 3 ist ein Beispiel für diese Verfahrensweise dargestellt. Eine Anpassung an kalorimetrisch gemessene Wärmekurven ist notwendig, wenn das Gleichgewicht nur für eine Temperatur vermessen wurde. Die genannte Anpassungsvariante ist auch sinnvoll, wenn das Gleichgewicht bei mehreren Temperaturen bekannt ist, um die aus den Experimenten bestimmten Energiewerte zu überprüfen.

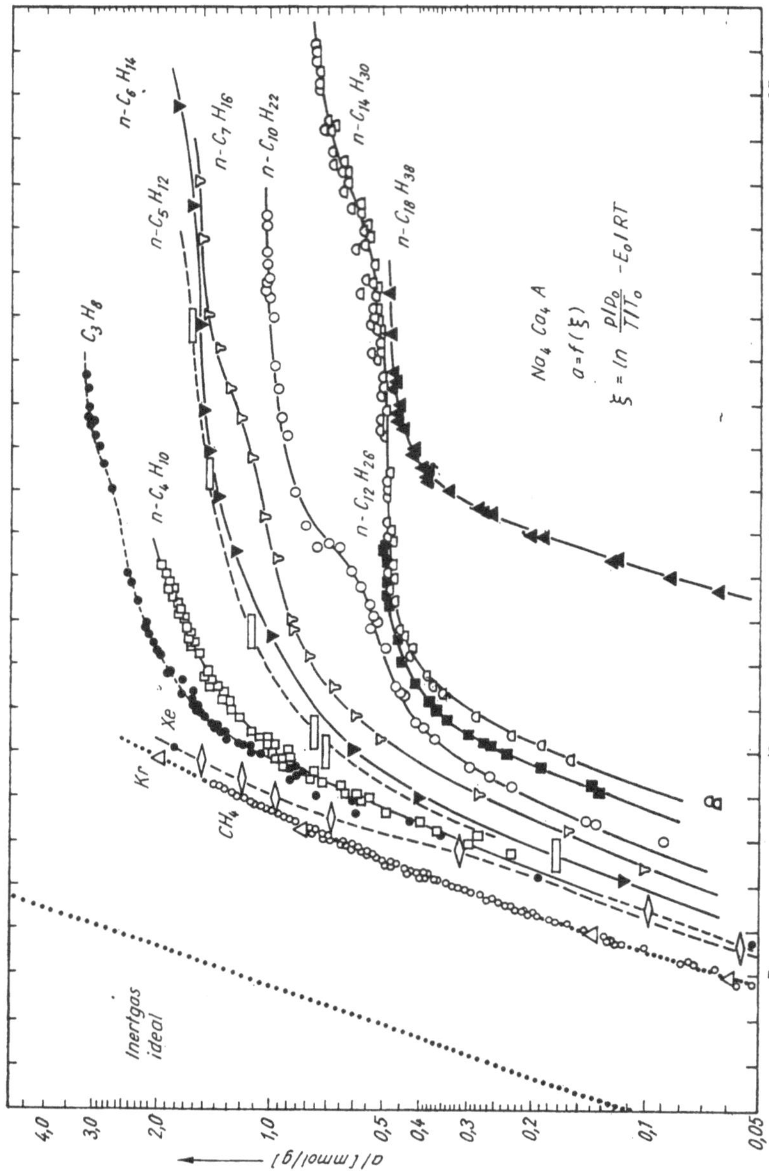

Abb. 1 Reduzierte Isothermen der *n*-Paraffinreihe und zweier Edelgase am Zeolith NaCaA, dargestellt über ein reduziertes chemisches Potential

Ein Vorteil des Einsatzes der vollständigen Gleichung (also mit $S_{k,i}$) besteht darin, daß Isothermen-, Isosterenmessungen und beim Vorliegen von ausreichenden Meßdaten auch beliebige T- und p-Werte zur Anpassung herangezogen werden können.

3.3.1. Anwendung der Dubinin-Gleichungen und ihrer modifizierten Formen

Ein Vergleich der Anwendbarkeit der Gleichungen von Dubinin und der Zellentheorie wird zunächst bei solchen Adsorptionssystemen durchgeführt, die den Langmuir-Bedingungen nahe kommen. Dazu eignen sich besonders zeolithische Systeme, bei denen die Hohlräume nur mit einem Molekül besetzt werden können und die Wechselwirkung zwischen den verschiedenen Hohlräumen vernachlässigbar klein ist (beispielsweise lange-n-Paraffine/Zeolith A). Es wurde festgestellt [8], daß diese Systeme fast gleichermaßen gut der Langmuir-Gleichung, die als ein Spezielfall der Zellentheorie darstellbar ist, wie auch der modifizierten Dubinin-Gleichung genügen. Das gilt für die Adsorptionssysteme mit den Zeolithen NaCaA und NaMgA sowie n-Paraffinen mit einer Kettenlänge von $n > 12$. Als Grund wurde in [8] gefunden, daß die Konzentrationsabhängigkeit der Konfigurationsentropie und die als konstant angenommene Energie (im Langmuir-Fall) eine ähnliche Konzentrationsabhängigkeit der Freien Energie ergeben, wie die konstante Entropie und die Konzentrationsabhängigkeit der Energie bei der Dubinin-Raduskevic-Gleichung.[2] Daraus erklärt sich, daß einzelne Isothermen mit beiden Gleichungen gut wiedergegeben werden können. Das gleiche gilt auch noch für die Isothermen eines nicht zu großen Temperaturintervalls. Da die Dubinin-Raduskevic-Gleichung auf diese Weise die Freie Energie des Langmuir-Falles wiederzugeben vermag, ist die durch die einfache Besetzung der Hohlräume gegebene feste Adsorbatdichte (bezogen nur auf die besetzten Hohlräume) ausreichend für die Anwendung der Gleichung. Als Schlußfolgerung aus diesen Feststellungen ergibt sich, daß die Dubinin-Raduskevic-Gleichung dann versagen muß, wenn stark unterschiedliche Adsorbatdichten auftreten. Das ist bei zeolithischen Systemen der Fall, wenn mehr als ein Molekül im Hohlraum adsorbiert wird. Dann weist, wenn der Konfigurationseinfluß abgespalten wird, das Adsorbat in den besetzten Hohlräumen je nach Anzahl der aufgenommenen Moleküle eine unterschiedliche Dichte auf. Deshalb wird hier der Vergleich (wie auch in [8]) für die Adsorption des n-Decanmoleküls, von dem maximal zwei Moleküle in jedem Hohlraum der Zeolithe vom Typ 5 A aufgenommen werden können, durchgeführt.

Zunächst wird die modifizierte Dubinin-Raduskevic-Gleichung auf die Adsorptionssysteme n-Decan/NaCaA, n-Decan/NaMgA und n-Decan-NaX angewendet. Die mathematische Anpassung liefert, wie aus Tabelle 2 folgt, keine

[2] s. Abb. 4

Tabelle 2 Ergebnisse der Auswertung nach DUBININ-RADUSKEVIC (modifiziert), gesamter Beladungsbereich

	$\varrho^* W_0$ mmol/g	E_m kJ/mol	ν	$\ln A^*$	E^* kJ/mol	E_m+E^* kJ/mol	σ mmol/g
n-$C_{10}H_{22}$, NaCaA	0,71	−3923	267	16,7	3823	−100,48	0,03
n-$C_{10}H_{22}$, NaMgA	4,29	−6700	93	26,8	6644	−54,43	0,06
n-$C_{10}H_{22}$, NaX	1,34	−2700	143	25,4	2592	−108,86	0,03
Xe, NaX	5,06	−11,43	3,9	15,6	−11,97	−23,40	0,40

deutbaren Energiewerte und modifizierten Dampfdruck-Gleichungen. Auch die Sättigungsbeladung wird nicht immer näherungsweise extrapoliert.

Als erster Test des Einflusses der unterschiedlichen Besetzungszustände auf die Wiedergabemöglichkeit durch die Gleichung (5) werden die Messungen auf adsorbierte Mengen von weniger als einem Molekül je Hohlraum eingeschränkt und angepaßt. Jetzt zeigt sich eine gute Wiedergabe der Meßwerte, wie auch bei den langmuir-ähnlichen Fällen (Tab. 3). Als zweiter Test wurde deshalb die DUBININ-ASTACHOV-Gleichung auf die gesamten Meßergebnisse (also auf den Bereich von ein und zwei adsorbierten n-Decan-Molekülen je Hohlraum)

Tabelle 3 Ergebnisse der Auswertung nach DUBININ-RADUSKEVIC (modifiziert), Beladungsbereich < 1 Molekül/Hohlraum

	$\varrho^* W_0$ mmol/g	E_m kJ/mol	ν	$\ln A^*$	E^* kJ/mol	E_m+E^* kJ/mol	σ mmol/g
n-$C_{10}H_{22}$, NaCaA	0,50	−30,98	4,05	18,22	−59,24	−90,23	0,01
n-$C_{10}H_{22}$, NaMgA	0,50	−18,92	2,17	21,01	−82,90	−101,82	0,01
n-$C_{10}H_{22}$, NaX	0,47	−8,83	1,12	20,88	−97,68	−106,51	0,017
Xe, NaX	0,50	−2,05	0,69	13,09	−20,89	−22,94	0,04

Tabelle 4 Ergebnisse der Auswertung nach DUBININ-ASTACHOV (modifiziert), gesamter Beladungsbereich

	$\varrho^* W_0$ mmol/g	E_m kJ/mol	ν	$\ln A^*$	E^* kJ/mol	E_m+E^* kJ/mol	σ mmol/g
n-$C_{10}H_{22}$, NaCaA	0,41	−25,92	3,88	16,98	−58,36	−84,28	0,006
	0,50	−10,00	0,88	26,44	−96,21	−106,22	
n-$C_{10}H_{22}$, NaMgA	0,53	−23,45	2,62	21,36	−79,72	−103,16	0,009
	0,51	−16,54	2,38	35,21	−110,07	−126,61	
n-$C_{10}H_{22}$, NaX	0,47	−43,54	1,18	40,50	−125,31	−168,85	0,01
	0,84	−1499	151,6	20,60	1444	−98,39	
Xe, NaX	2,25	−1,21	0,55	14,74	−21,6	−22,82	0,23
	2,93	−1650	811	17,16	1626	−23,86	

angewendet (Tab. 4). Wie zu erkennen ist, wird die Anpassungsaufgabe mit dieser erweiterten Form gelöst. Das zeigt, daß die im Abschnitt 3.1 durchgeführten Überlegungen zur Dubinin-Raduskevic-Gleichung in den hier untersuchten Fällen zu richtigen Schlußfolgerungen führen.

3.3.2. Anwendung von Gleichungen der Zellentheorie

Die Isothermengleichung (25) wurde über die Parameter an die Isothermenmessungen des Decans an den Zeolithen NaCaA [68], NaMgA [13], und NaX [37] angepaßt. Die Ergebnisse sind in Tabelle 4 dargestellt. Es zeigt sich, daß die in der logarithmischen Darstellung sichtbare Stufe im Isothermenverlauf von der Zellentheorie als Folge der Ein- und Zweifachbesetzungen der Hohlräume erklärt wird. Bei den 5 A-Sieben reichte die Unterscheidung in zwei energetisch und gleichzeitig besetzungsmäßig getrennte Zustände, also nur die Benutzung von zwei kanonischen Zustandssummen, aus. Im Falle der Adsorption am Zeolith NaX war das nicht mehr möglich. Es mußte im Sinne der Zellentheorie das Zellvolumen größer als der Hohlraum gewählt werden. Diese Notwendigkeit steht im Einklang mit der Feststellung anderer Autoren [32], daß im Zeolith NaX die Mikroporen bedingt durch die offenere Struktur weniger abgegrenzt sind. Dadurch wird die Lokalisierung auf Zellen schwieriger. Im vorliegenden Fall besaß die Zelle, die eine Beschreibung ermöglichte, das 3,5fache Volumen eines Hohlraumes und nahm demzufolge acht n-Decan-Moleküle auf. Eine Zusammenstellung dieser Ergebnisse findet sich in [37]. Dort ist auch der Verlauf der differentiellen Entropie dargestellt, dessen Konzentrationsabhängigkeit (durch den Konfigurationsanteil) demjenigen der differentiellen Energie des Modells der Theorie der Volumenausfüllung von Mikroporen ähnelt (Abb. 2).

Zusammenfassend kann festgestellt werden, daß die Zellentheorie die hier betrachteten Adsorptionsgleichgewichte überzeugend darstellt und plausible Erklärungen für das Verhalten der einzelnen Adsorptionssysteme gibt. Das gilt auch, wie unter 3.3.1. gezeigt wurde, für die gesamte Reihe der homologen n-Paraffine. Erfahrungen bei der Anwendung auf andere und kompliziertere Systeme [32] unterstützen diese Feststellung.

3.3.3. Vergleichende Betrachtung beider Theorien

Der Vergleich der a posteriori Anwendung beider Theorien zeigt, daß nach Modifikation der Theorie der Volumenausfüllung von Mikroporen beide erfolgreich sind. Deshalb kann anhand dieser Untersuchungen für die betrachteten Systeme keine Diskriminierung eines der Modelle durchgeführt werden.

Die Zellentheorie besitzt einen höheren Allgemeinheitsgrad und damit prinzipiell eine größere Anzahl von Bedingungen, die modifiziert werden können. Damit entsteht die Frage, wie groß die Anzahl der Moleküle in einem zusammenhängenden Volumen sein muß, damit (entsprechend den Ausführungen des

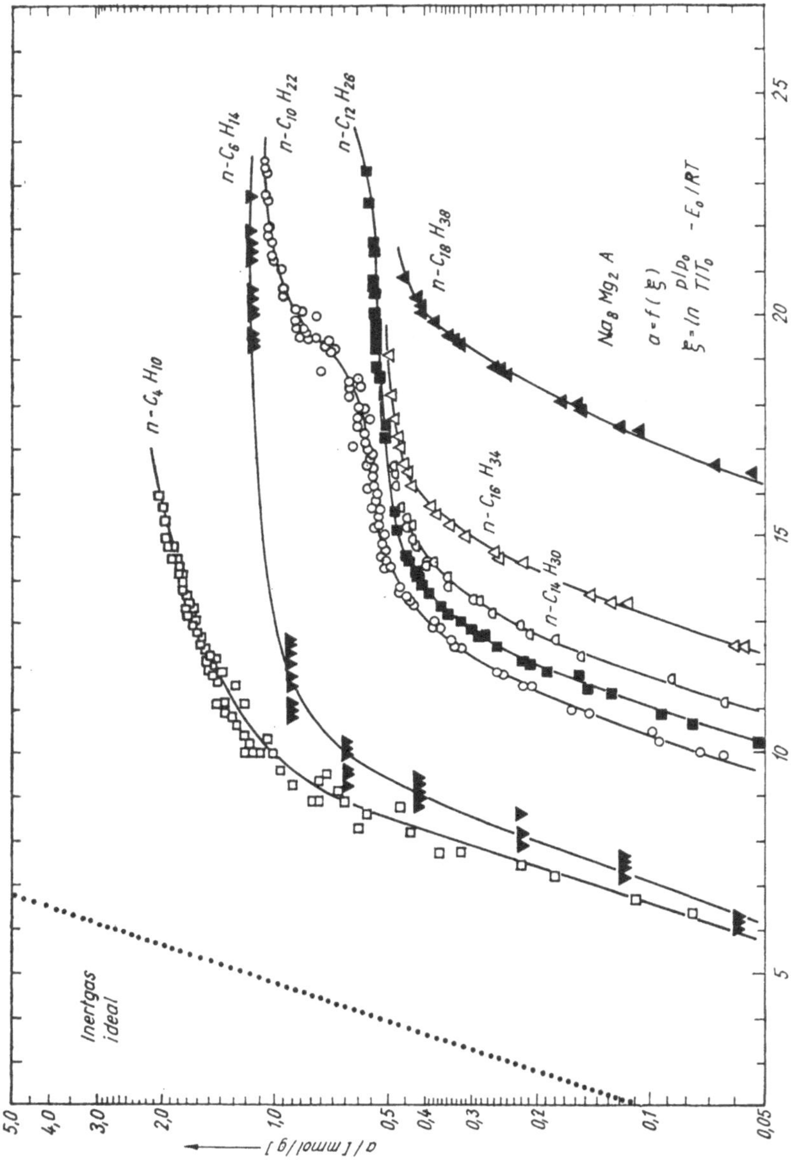

Abb. 2 Reduzierte Isothermen der *n*-Paraffinreihe am Zeolith NaMgA, dargestellt über ein reduziertes chemisches Potential

Punktes 3.1.) die Bedingungen für die Anwendung der Theorie der Volumenausfüllung gegeben sind. Die Beantwortung dieser Frage verlangt einerseits weiteres experimentelles Material und zum anderen eine Vertiefung der Theorie, die stärker a priori orientiert werden muß.

Damit von kleinen Zellen, z. B. den Hohlräumen des Zeolithen, eine genügend große Zahl von Molekülen aufgenommen werden kann, müssen kleine Adsorptivmoleküle ausgewählt werden. Dieses System muß dann auch bis in den Sättigungsbereich und in die Nähe des kritischen Punktes untersucht werden. Zur Gewährleistung der Mobilität des Adsorbates sollte die Struktur des ausgewählten zeolithischen Molekularsiebes sehr offen sein. Als ein geeignetes, in der Literatur ausführlich beschriebenes System ergibt sich Xe/NaX [33], das in einem sehr weiten Druck- und Temperaturintervall vermessen wurde. Um ein informatives Isosterenbild zu erhalten, wurde der Gleichgewichtsdruck des in diesem Intervall als Realgas aufzufassenden Xe auf die Fugazitäten umgerechnet, um Besonderheiten des Verhaltens im Gasraum abzutrennen. Die Isosteren wurden als

$$\lg \frac{f/T}{p_0/T_0} = F(1/T) \tag{59}$$

dargestellt. Dadurch kann statt der Beziehung

$$\bar{H} - \tilde{H}_{\text{gas}} = Z_{\text{real}} \left(1 - \frac{\bar{V}}{\tilde{V}}\right) \left(\frac{\partial \ln p}{\partial 1/RT}\right)_{eq,a} \tag{60}$$

$$Z_{\text{real}} = \frac{pV}{RT} \neq 1; \quad Z_{\text{ideal}} = 1 \tag{61}$$

Z = Kompressibilität

die Gleichung

$$\bar{U} - \tilde{U}_{\text{gas}}^{\text{ideal}} = \left(\frac{\partial \ln \frac{f/T}{p_0/T_0}}{\partial 1/RT}\right)_{eq,a} \tag{62}$$

verwendet werden, und es werden Informationen über die differentielle Energie $\bar{U}$ erhalten. In Abb. 5, die einen Ausschnitt aus den Messungen in dem Adsorptionssystem Xe/NaX wiedergibt, ist zu erkennen, daß in der Nähe des kritischen Punktes Abweichungen vom geraden Verlauf der Isosteren auftreten können. Das deutet auf flüssigkeitsähnliches Verhalten hin und damit auf günstige Bedingungen für die Gültigkeit der Theorie der Volumenausfüllung von Mikroporen. Zur Begründung ist in Abb. 6 die berechnete Selbstadsorption des Realgases Xenon gegnüber dem fiktiven Idealgas im potentialfreien Nor-

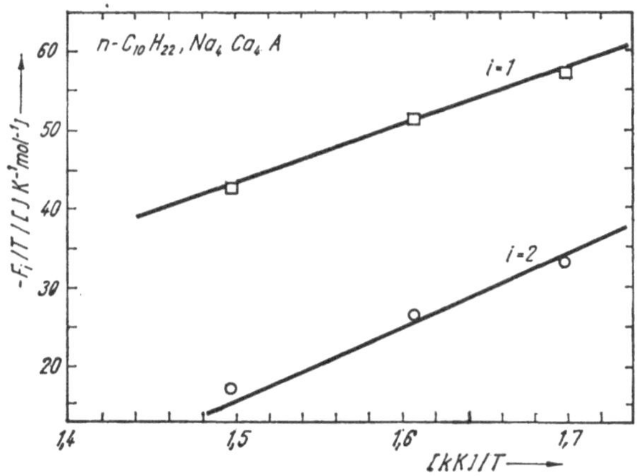

Abb. 3 Empirisch bestimmte Temperaturabhängigkeit der reduzierten Freien Energie der beiden Besetzungszustände eines Hohlraumes für das Adsorptionssystem n-Decan, NaCaA

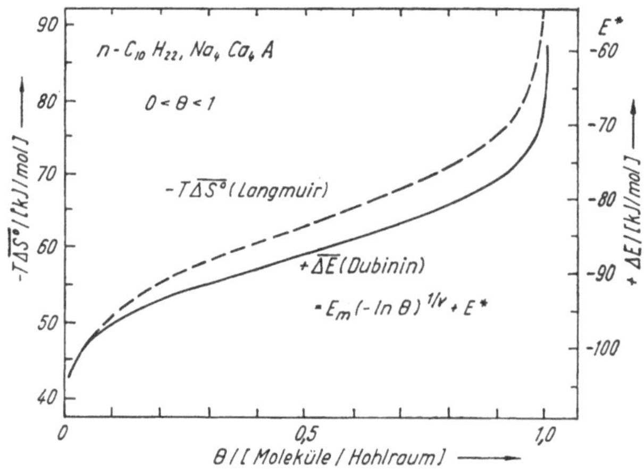

Abb. 4 Vergleich der Konzentrationsabhängigkeiten der differentiellen Adsorptionsentropie nach dem Langmiurmodell und der differentiellen Energie nach der Dubiningleichung für das Adsorptionssystem n-Decan, NaCaA im Bereich eines Moleküls/Hohlraum

malvolumen dargestellt. Idealgas und Realgas stehen im chemischen Gleichgewicht miteinander. Die Selbstadsorption beschreibt die Konzentrationserhöhung des Realgases im Verhältnis zum Idealgas (in Abb. 6 sind die Verhältnisse in Isosterenform dargestellt).

Die Messungen wurden nach der modifizierten DUBININ-ASTACHOV-Gleichung ausgewertet. Das Ergebnis zeigt einen Summanden, der sich überzeugend als Folge einer Volumenausfüllung deuten läßt. Die Energie E beträgt nur $-1{,}2$ kJ·mol^{-1}, die Kondensationsenergie des Xenons -21 kJ/mol [61].

Parallel erfolgte die Auswertung der Messungen nach der Zellentheorie. Da λ aufgrund seines Zusammenhanges mit dem chemischen Potential standardisiert ist, benötigt die Anwendung im untersuchten System ebenfalls die Fugazität. Als Zelle wurde der Hohlraum des Zeolithen NaX gewählt, der bis zu 10 Atome Xenon aufnehmen kann [62]. Je Besetzung wurden zwei Energieniveaus zugelassen, da die Isosteren in der lg (f/T)-Form auch außerhalb des kritischen Bereiches über den großen untersuchten Temperaturbereich schwache Krümmungen aufweisen. Die Ergebnisse sind in den Abb. 7a und 7b angegeben.

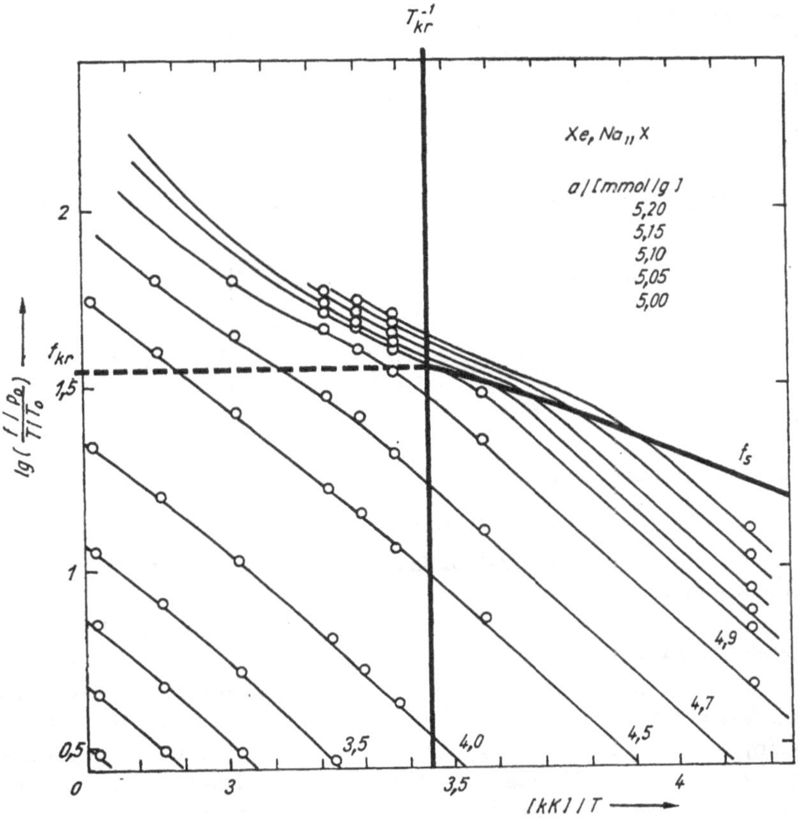

Abb. 5 Ausschnitt aus dem Verlauf der experimentell bestimmten fugativen Isosteren des Adsorptionssystems Xe, NaX in der Nähe des kritischen Punktes

Die gute Wiedergabe aller Isothermen zeigt die folgende Abb. 8. Wie aus Abb. 8 hervorgeht, wurden auch die Isothermenpunkte des Sättigungsbereiches, deren Beschreibung durch andere Theorien Schwierigkeiten bereitet, [20, 57, 62] exakt erfaßt.

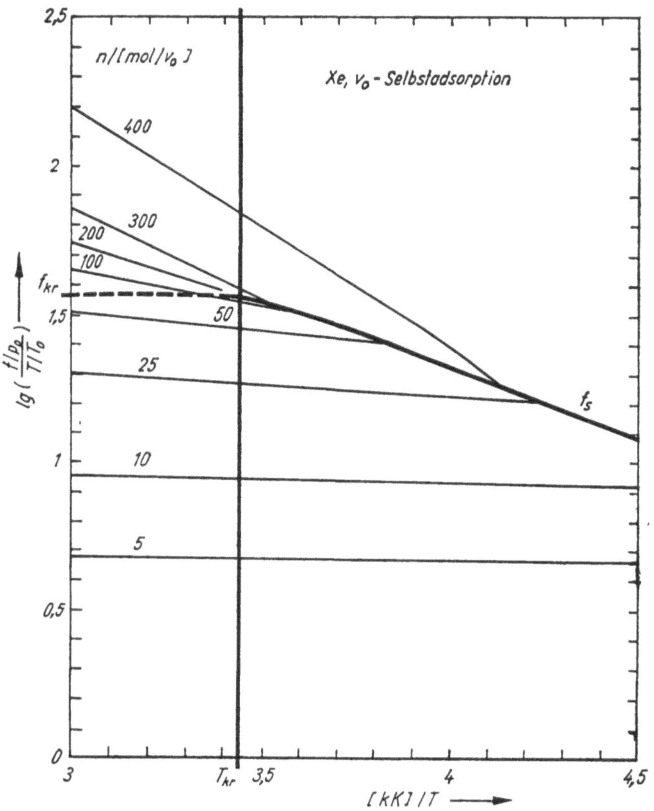

Abb. 6 Die aus Virialgleichungen [34] bestimmten Isosteren der Selbstadsorption des Realgases Xenon im Normalvolumen

Die Zellentheorie ist also in der Lage, bereits bei der Orientierung auf einen Hohlraum als Zelle durch einfache Eigenschaften der Besetzungszustände das gefundene Verhalten wiederzugeben. Es besteht jetzt jedoch die Möglichkeit, daß die Anpassung zu dieser Wiedergabe nur eine empirische Abhängigkeitsstruktur der kanonischen Zustandssummen erzeugt und den experimentellen Befund zwangsweise auf die Modellparameter der Zellentheorie übetragen hat. Daher muß eine tiefere theoretische Analyse durchgeführt werden. Diesem Zweck dient der Abschnitt 4.

3.4. Darstellung der Adsorptionsisothermen

In [32] und [42] wurde eine Darstellungsform des Adsorptionsgleichgewichtes abgeleitet, die für jedes Adsorptionssystem einen eigenen Bezugszustand des Adsorbates einführt. Das darauf bezogene Potential entspricht dem des Gaszustandes auf einem Energieniveau E_0 und bei dem Gleichgewichtsdruck p_0, wobei E_0 die als konstant angenommene Energie des niedrigsten Besetzungszustandes ist.

$$\xi = \frac{\mu - \mu_0 - E_0}{RT} = \ln \frac{p/p_0}{T/T_0} - E_0/RT \qquad (63)$$

(μ_0 — chemisches Potential im Normalzustand)

Durch dieses Vorgehen werden Temperaturabhängigkeiten der Isothermen weitgehend eliminiert, so daß im Idealfall alle Isothermen eines Systems sich auf eine Kurve reduzieren. Auf diese Weise ist es möglich, die Isothermen verwandter Adsorbate (wie beispielsweise homologer Reihen), aber auch eines Adsorptives an unterschiedlichen Adsorbentien, übersichtlich darzustellen. Darüber hinaus kann bei Kenntnis des Verlaufes $a(\xi)$ (aus einer gemessenen Isotherme) eine Inter- und Extrapolation auf andere, nicht untersuchte Temperatur- und Druckbereiche erfolgen.

Für die Adsorption der n-Paraffine an den zeolithischen Molekularsieben NaCaA und NaMgA sind diese Darstellungen in den Abb. 1 und 2 wiedergegeben. Wegen

$$T\overline{\Delta S} = \overline{\Delta H}, \quad \Delta\overline{H} \approx E_0 \qquad \text{ergibt sich}$$

$$\xi \approx -\frac{\Delta\overline{S^0}}{R} \qquad (64)$$

Die Verschiebung der reduzierten Isothermen in der Darstellung $a = f(\xi)$ ist also ein Maß für die Änderung der differentiellen Entropie. In Übereinstimmung damit erfolgt, wie aus den Abb. 1 und 2 hervorgeht, in der Reihe der n-Paraffine mit zunehmender Kettenlänge eine Verschiebung zu größeren ξ-Werten. Außerdem ergibt sich, daß die Entropie der n-Alkane am Zeolith NaMgA kleiner ist als am NaCaA. Weitere Schlußfolgerungen sind [42] zu entnehmen.

3.5. Schlußfolgerungen aus den a posteriori Auswertungen zeolithischer Adsorptionsgleichgewichtssysteme

Die Zellentheorie erweist sich, wie oben gezeigt wurde, als äußerst flexibel. Das ist verständlich, da sie eng mit den Grundlagen der statistischen Thermodynamik verbunden ist. Diese Flexibilität ist jedoch bei a posteriori Auswertungen nicht von vornherein nutzbar. Die Gleichungen besitzen viele Freiheitsgrade, die entweder durch zusätzliche Überlegungen oder Erfahrungen festgelegt werden müssen, oder aber die Zahl der aus den Experimenten zu bestimmenden Konstanten wird so groß, daß hohe Anforderungen an deren Genauigkeit und Informationsgehalt gestellt werden müssen. Die Energie- und Entropieverteilung sind Hauptcharakteristika des adsorbierten Zustandes. Die erwähnten Einschränkungen betreffen deshalb meistens die Festlegung des Verteilungstypes dieser Größen.

Der DUBININ-Gleichung lag, wie gezeigt wurde, eine bestimmte Form der Energieverteilung (WEIBULL-Verteilung) und eine DIRAC-Entropieverteilung zugrunde. Umgekehrt geht die Zellentheorie von einer aus Kombinationsregeln folgenden Entropieverteilung (Konfigurationsentropie) aus. Für die Energie verwendet sie vorwiegend die DIRAC-Verteilung und allgemeine Verteilungen

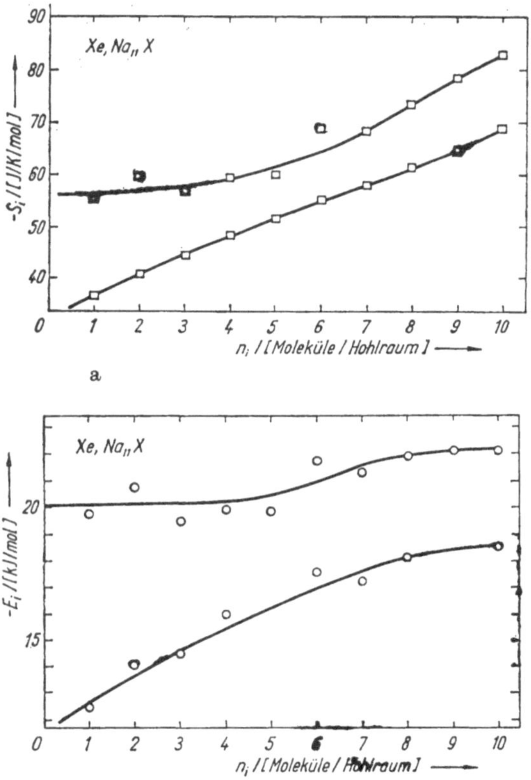

b

Abb. 7 Durch Parameteranpassung aus der Zellentheorie gewonnene Konstanten der Zustandssummen für das System Xe, NaX

a) Entropiekonstanten

b) Energiekonstanten

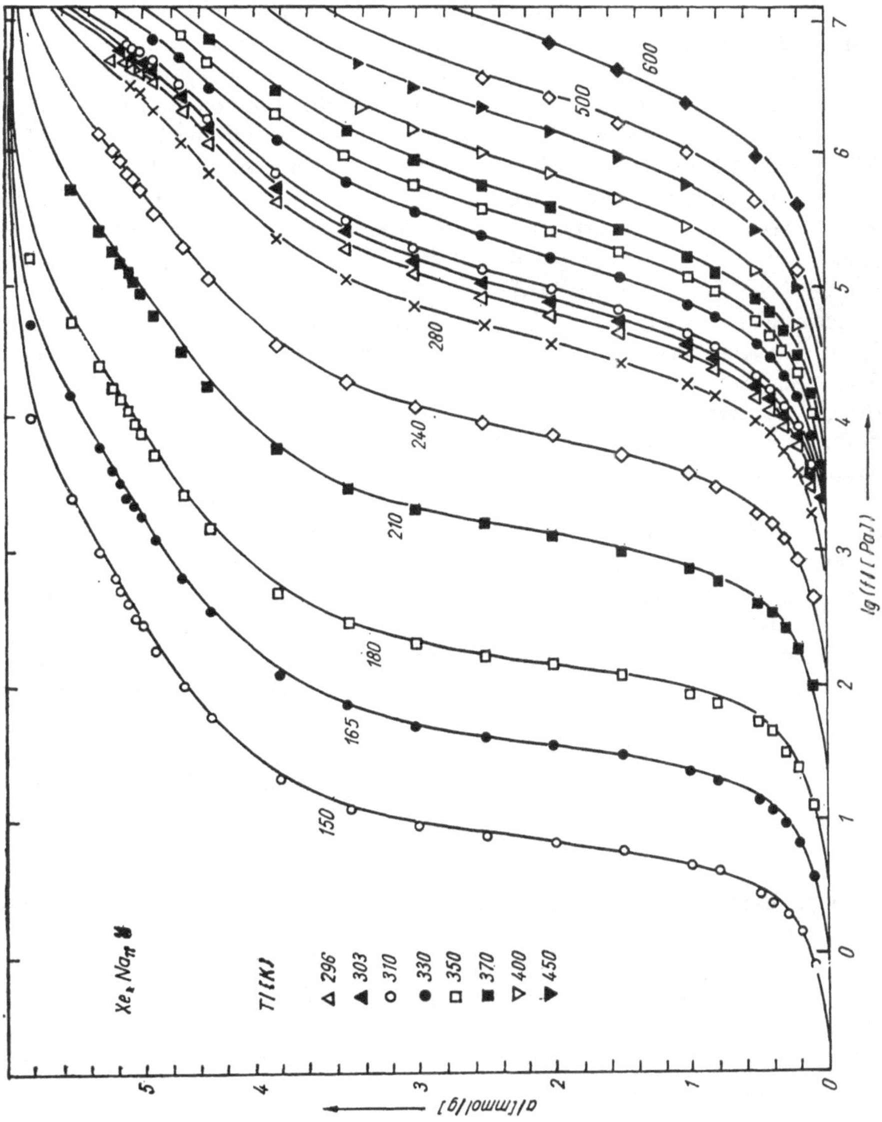

Abb. 8 Vergleich der nach der Zellentheorie nach Anpassung berechneten (– – –) mit den experimentellen (Symbole) Isothermen des Adsorptionssystems Xe, NaX

werden durch Überlagerungen erzeugt. Die Zellentheorie bietet weiter die Möglichkeit, die auftretenden Besetzungen einer Zelle festzulegen. Wird hier nur eine repräsentative Besetzung zugelassen, die nicht notwendig ganzzahlig sein muß, so kann das eine zweckmäßige Einschränkung sein. Sie nähert sich damit der osmotischen Theorie der Adsorption, deren osmotischer Koeffizient mit dieser Besetzungszahl im Zusammenhang steht. Die von BERING und SERPINSKIJ ausgearbeitete osmotische Theorie des Adsorptionsgleichgewichtes [44, 57] geht im Vergleich zu der DUBININschen Theorie über diese hinaus. Sie beschreibt das Adsorptionsgleichgewicht in einem breiteren Druck- und Temperaturintervall als diese und insbesondere auch oberhalb des kritischen Punktes. Eine Analyse ihrer Leistungsfähigkeit [20] und die Aufstellung von Beziehungen zwischen Koeffizienten beider Theorien [54, 56] erfolgten bereits. Da die osmotische Theorie der Zellentheorie näher steht (Deutung des reziproken osmotischen Koeffizienten g als repräsentative Besetzung einer Vakanz), wird mit dem Vergleich auch eine stärkere Strukturorientierung - wie in der Zellentheorie - angestrebt.

Für einen Zellentyp kann die Isothermengleichung der Zellentheorie (Gleichung 25) auch in eine in a implizite Form (d.h., a tritt auch in den Koeffizienten auf) nach der Fugazität oder dem Druck umgerechnet werden und stellt eine Virialgleichung dar. Virialgleichungen werden verstärkt in [55, 58] untersucht. Da sie eher auf die Adsorbat-Adsorbat-Wechselwirkung orientiert sind, enthalten sie weniger Struktureigenschaften des Adsorbens und haben nur für den Anfangsbereich einer Isotherme eine gewisse Bedeutung.

Wir erkennen aus den Darlegungen, daß die einzelnen, stärker empirischen Theorien in den ihren Voraussetzungen entsprechenden Beladungsbereichen durchaus eine zweckmäßige Vereinfachung darstellen und zur Auswertung herangezogen werden können. Zur vollständigen Beschreibung eines Systems wird jedoch immer eine übergeordnete strukturbezogene Theorie notwendig sein.

4. Möglichkeiten zur a priori Berechnung von Daten des Absorptiongleichgewichtes

4.1. Berechnung stark empirischer Adsorptionspotentiale

Wir basieren diese Analyse auf sogenannte empirische Potentiale. Es handelt sich dabei um die Formen

$$\Phi = \sum_{i,j} \Phi_{i,j} = \Phi_{Xe-NaX} + \Phi_{Xe-Xe} \tag{63}$$

$$\Phi_{i,j} = \sum_{\varkappa=6,8,10,12} \frac{C_{\varkappa,i,j}}{r_{i,j}^{\varkappa}} \tag{64}$$

Die verwendeten Koeffizienten sind in den Tab. 5 und 6 angegeben. Das eingesetzte Potential stellt ein erweitertes LENNARD-JONES-Potential [48] [38, 46, 47, 66, 67] dar. Es hat sich bisher bei der Berechnung für die n-Alkane bewährt [69] und wurde, obwohl für die reine Edelgaswechselwirkung präzisere Potentiale vorliegen [34], hier verwendet, weil alle benötigten Rechenprogramme auf diese Potentiale eingestellt waren. Zur Berechnung des Wechselwirkungspotentials mit dem Zeolithen wurde eine symmetrische Anordnung der zehn Na^+-Ionen im Zeolithhohlraum gewählt, wie in [35] dargestellt.

Tabelle 5 Molare Eigenschaften zur Berechnung der Potentialkonstanten

	CH_2	Xe	O_A	O_X	Na^+	Ca^{++}
α/[nm²F mol⁻¹]	9,704	21,328	7,838	7,838	1,013	2,719
χ/[nm² H mol⁻¹]	−1,495	−5,411	−1,338	−1,338	−0,530	−1,131
r_0/[nm]	0,2	0,220	0,1437	0,1437	0,095	0,099
e/e_0	0	0	−0,25	−0,65	+1,0	+2,0

Tabelle 6 Potentialkonstanten für die Wechselwirkung Adsorbat-Adsorbat und Adsorbat-Zeolith

	CH_2-CH_2	Xe—Xe	CH_2-O_A	CH_2-Na^+	CH_2-Ca^{++}	$Xe-O_X$	$Xe-Na^+$
C_6/nm⁶ J mol⁻¹	−5,32	−42,31	−4,515	−0,858	−2,175	−12,51	−2,71
C_8/nm⁸ J mol⁻¹	−0,091	−0,44	−0,0738	−0,0108	−0,0281	−0,17	−0,022
C_{10}/nm¹⁰ J mol⁻¹	−0,0019	−0,0056	−0,00148	−1,67′-4	−4,42′-4	−0,0027	−0,00022
C_{12}/nm¹² J mol⁻¹	0,00127	0,17	0,00507	0,00277	0,0117	0,029	0,011

Da jedoch nach Literatur das betrachtete zeolithische Molsieb eine Summenformel[1] von $Na_{10,8}H_{0,2}(AlO_2)_{11}(SiO_2)_{13}$ besitzt, wurde ein Na^+-Ion zusätzlich auf der Position $S\ III$ untergebracht, so daß die Verteilung gilt: $NaX \triangleq Na_2^{SI} Na_4^{SI'} Na_4^{SII} Na_1^{SIII}X$. Die Winkelnetzprojektion für adsorbiertes Xe der berechneten Energieminimafläche in radialer Richtung zeigt Abb. 9. Daraus folgt ein absolutes Energieminimum von −19 kJ/mol. Dieses entspricht in guter Näherung dem experimentellen Wert von −21 kJ/mol für die Anfangsbeladung [33] des im Zeolith NaX adsorbierten Xenons.

[1] bezogen auf 1/8 der Elementarzelle

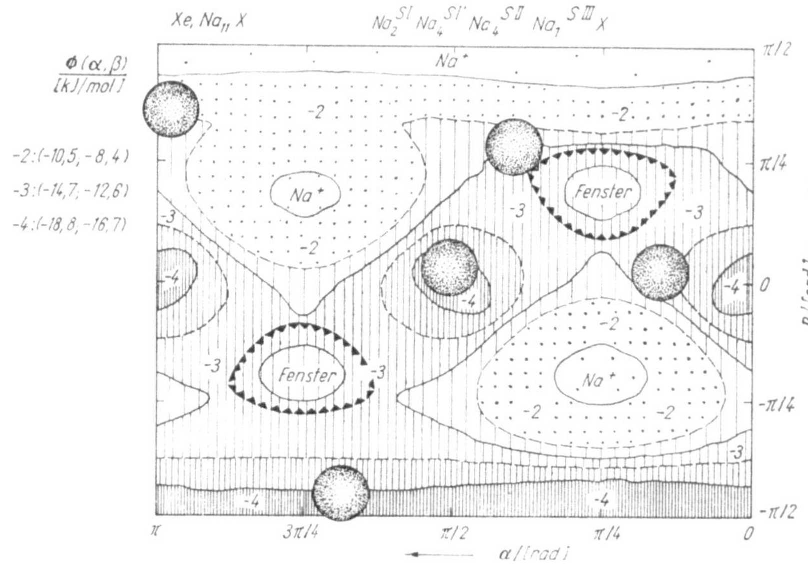

Abb. 9 Winkelnetzprojektion der radialen Energieminima für Xe in einem Hohlraum des Zeolithen NaX

4.2. Bestimmung der Zustandssummen mit Hilfe der MONTE-CARLO-Methode

Neben der Größe der durch Vergleich mit dem Experiment annehmbar erscheinenden Adsorptionsenergie liefert das Potential durch seinen räumlichen Verlauf auch den Einfluß der Struktur des Zeolithen auf die Adsorption. Durch Integration über den Phasenraum ist somit die zugehörige thermische Zustandssumme berechenbar und damit im Prinzip jede thermodynamische Funktion des einzelnen Hohlraumes. Durch Anwendung der Gleichungen der Zellentheorie werden dann die thermodynamischen Funktionen des Gesamtsystems erhalten. Die Integration gestaltet sich jedoch für mehrere Teilchen sehr aufwendig. Deshalb wird hier eine spezielle MONTE-CARLO-Methode verwendet. Das LEBESGUE-Maß der Integrationselemente des Phasenraumes wird durch ein normiertes Wahrscheinlichkeitsmaß P_λ ersetzt und dieses durch Pseudozufallszahlengenerator als relative Häufigkeit realisiert:

$$Q = \int_{\omega \varepsilon \Omega} e^{-E(\omega)/RT} \lambda(d\omega) \tag{65}$$

$$= \lambda(\Omega) \int_{\omega \varepsilon \Omega} e^{-E(\omega)/RT} P_\lambda(d\omega) \tag{66}$$

Diese einfache Ersetzung ist jedoch nicht sehr effektiv, da das Gewicht des BOLTZMANN-Faktors erheblich schwankt. Deshalb muß ein Auswahlmechanismus gefunden werden, der durch diesen Faktor gesteuert wird. Wir ersetzen dazu das Wahrscheinlichkeitsmaß $P_\lambda(d\omega)$ durch das zufällige Maß $P_\lambda(d\omega, t)$ eines stochastischen Prozesses in t.

$$Q = \frac{\lambda(\Omega)}{\lambda(R)} \int_{t\varepsilon R} \int_{\omega\varepsilon\Omega} e^{-E(\omega)/RT} d_t P_\nu(d\omega, t) \tag{67}$$

Ein zweiter stochastischer Prozeß läuft nun bei festem t über u und definiert

$$\xi(t,u) = \int_0^{u\varepsilon S} \int_{\omega\varepsilon\Omega} e^{-E(\omega)/RT} d_{u'} P_\nu(d\omega,t,u') \tag{68}$$

Mit diesem Prozeß soll der Boltzmann-Faktor ersetzt werden. Dann folgt

$$d\xi(t,u) = \int_{\omega\varepsilon\Omega} e^{-E(\omega)/RT} d_u P_\nu\,(d\omega,t,u) \tag{69}$$

$$P_\lambda(d\xi(t,u)) = \frac{d_u\,\xi(t,u)}{\xi(t,s)} \tag{70}$$

und es ergibt sich

$$d_u\,\xi(t,u) = \xi(t,s) \cdot P_\lambda(d_u\xi(t,u)) \tag{71}$$

und damit für das Integral über den Boltzmann-Faktor

$$\int_{\omega\varepsilon R} e^{-E(\omega)/RT} d_u\, P_\nu(d\omega,t,u) = \xi(t,s) \cdot P_\lambda(d_u\xi(t,u)) \tag{72}$$

In die Zustandssumme eingesetzt und $P_\lambda(d_u\xi(t,u))$ durch das zufällige Maß $P_\nu(d_u\xi(t,u),t)$ ersetzt, folgt

$$Q = \frac{\lambda(\Omega)}{\lambda(R)} \int_{t\varepsilon R} \int_{u\varepsilon S(t)} \frac{\xi(t,S)}{\lambda(S(t))} d_t P_\nu(d_u\xi(t,u),t) \tag{73}$$

Da bei mehreren Teilchen der i-fach besetzte Hohlraum als ein Produkt von suksessiven Einfachbesetzungen bei $(i - 1)$-facher Vorbeladung dargestellt werden kann, ist die Zustandssumme endgültig darstellbar durch

$$Q = \frac{\lambda(\Omega)}{\lambda(R)} \int_{t\varepsilon R} \prod_{i=1}^{f} \int_{u_i\varepsilon S_i(t)} \frac{\xi_i(t,S_i)}{\lambda(S_i)} d_t P_\nu(d_u\xi_i(t,u_i),t) \tag{74}$$

Die Benutzung dieser Darstellung ist wesentlich effektiver als in [49]. Gleichzeitig können für jeden t-Schritt die thermodynamischen Funktionen $S(t)$ und $E(t)$ angegeben werden, die nicht temperaturabhängig sind. Mit diesen kann ein Histogramm aufgebaut werden, das die Berechnung der thermodynamischen Funktionen bei beliebigen Temperaturen gestattet.

Die so erläuterte MONTE-CARLO-Methode wurde für Beladungen des Zeolithhohlraumes von NaX bis zu zehn Xenon-Atomen, mit 1152 t-Schritten und je 100 u-Schritten bei jedem $1 \leqq i \leqq 10$, eingesetzt. Die Realisierungstemperaturen umfaßten das Intervall von 50 bis 400 K in Schritten von $\Delta T_R = 10$ K und 450 bis 1000 K in Schritten von $\Delta T_R = 50$ K [60]. Mit Hilfe der Zellentheorie wurden die differentiellen Adsorptionsenthalpien aus den Zustandssummen berechnet. Sie sind in der Abb. 10 im Vergleich mit den aus den Experimenten graphisch gewonnen Enthalpiewerten (für drei Temperaturen) dargestellt. In Abb. 11 ist die Temperaturabhängigkeit der Adsorptionsenthalpie (experimentell und nach MONTE-CARLO-Rechnungen ermittelt) wiedergegeben.

Abbildung 12 vergleicht die Druckabhängigkeit einer gemessenen und a priori berechneten Isotherme. Da jedoch die Energien um etwa 4 kJ/mol differieren, liegen die berechneten Isothermen im Vergleich zu den experimentellen verschoben. In der oben erwähnten Abbildung soll nur die Isothermenform verglichen werden, deshalb ist die Druckskala nicht absolut.

Das Ergebnis der kritischen Untersuchung zeigt, daß die auf Grund des Potentialverlaufes in einem Hohlraum und infolge der Wechselwirkung der Xenon-Atome in diesem Hohlraum sich einstellende Verteilung ausreicht, um zumindest qualitativ das experimentell erhaltene Datenmaterial zu erklären. Ohne Zweifel werden bei Vergrößerung der betrachteten Zelle noch weitere Beiträge hinzukommen, jedoch sind die prinzipiellen Besonderheiten schon jetzt zu

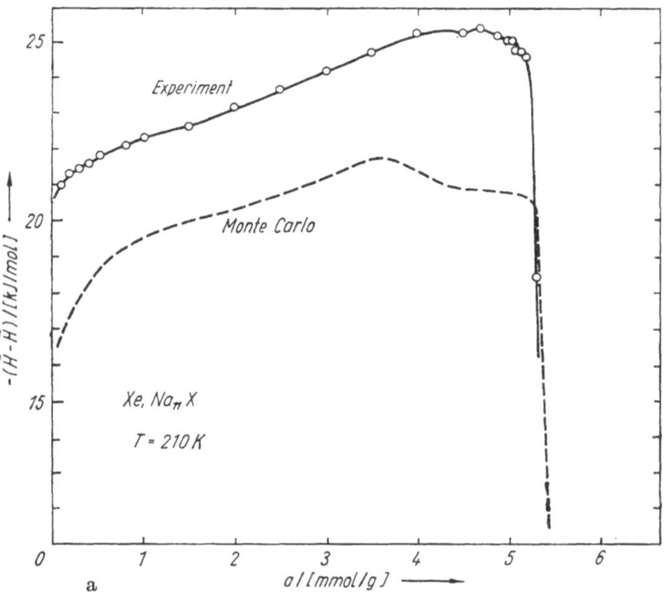

a

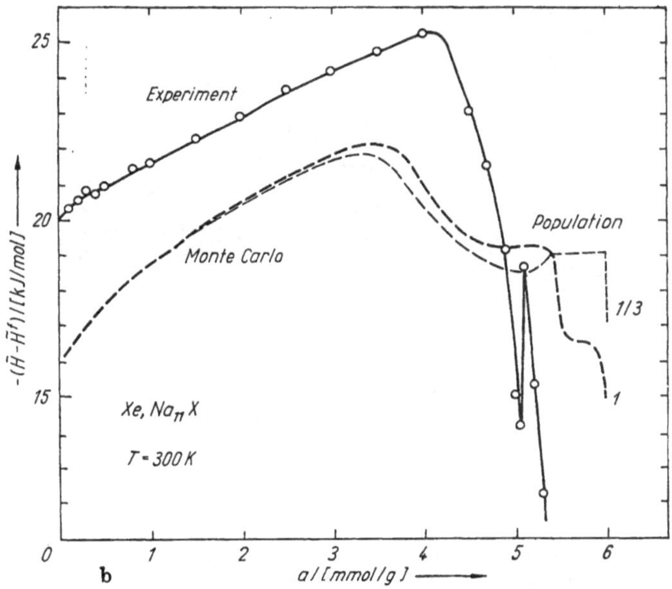

b

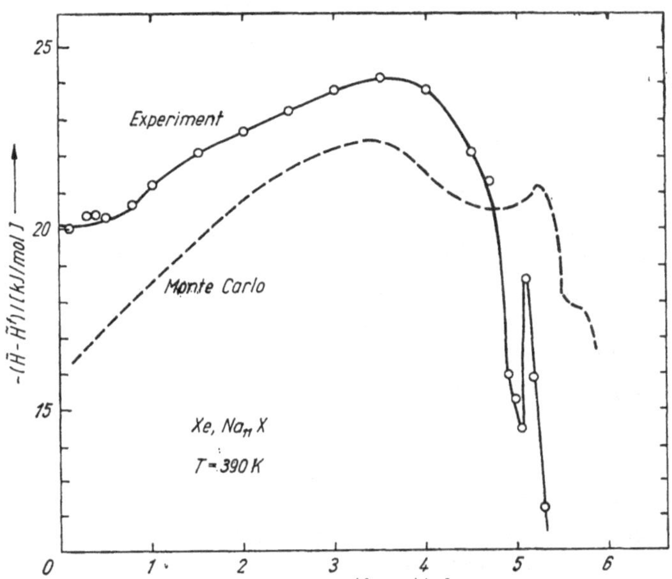

c

Abb. 10 Vergleich der mit Hilfe der MONTE-CARLO-Methode a priori berechneten differentiellen Adsorptionsenthalpie mit der experimentell bestimmten für das System Xe, NaX
a) T = 210 K b) T = 300 K c) T = 390 K

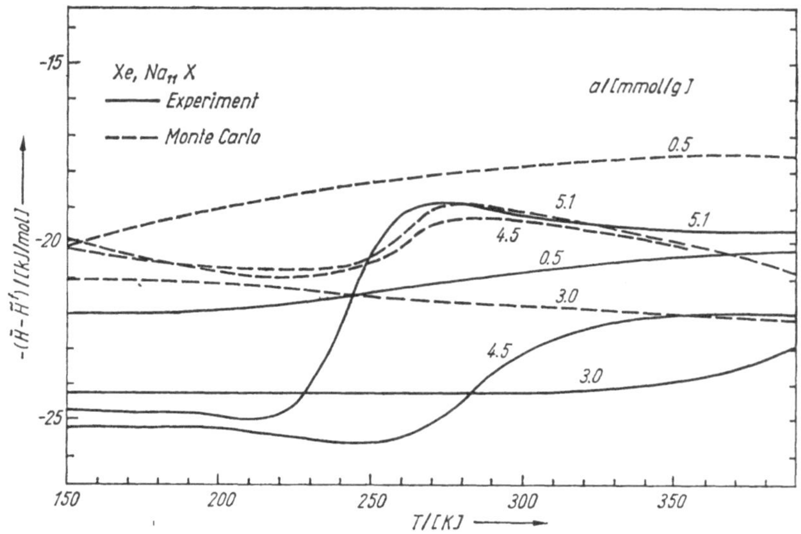

Abb. 11 Die Temperaturabhängigkeit der differentiellen Adsorptionsenthalpie a priori nach MONTE-CARLO und aus dem Experiment für das System Xe, NaX

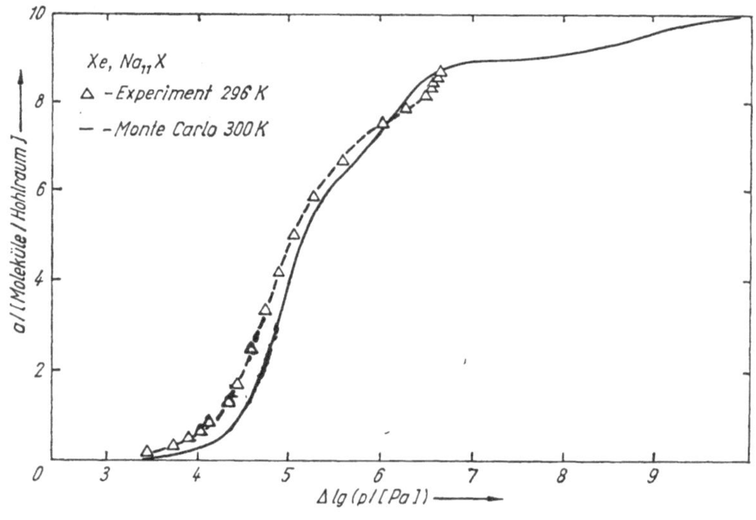

Abb. 12 Relative Druckabhängigkeit einer nach MONTE-CARLO berechneten und einer experimentellen Isotherme des Adsorptionssystems Xe, NaX

erkennen. Es kann deshalb geschlußfolgert werden, daß sich das für die Theorie der Volumenausfüllung von Mikroporen notwendige Verhalten des Adsorbates schon bei einer kleinen Anzahl von Atomen in einem kleinen Volumen einzustellen beginnt. Gleichzeitig sind die Resultate eine Demonstration für die Anwendbarkeit der MONTE-CARLO-Methode zur a priori Berechnung des Adsorptionsgleichgewichtes.

Es erschien daher sinnvoll, auch das Adsorptionsverhalten eines längerkettigen Moleküls, beispielsweise des *n*-Decans, am zeolithischen Molekularsieb NaCaA mit ihr zu untersuchen. Dazu wurde das *n*-Decanmolekül in CH_2-Gruppen zerlegt und es wurden die Wechselwirkungspotentiale für das CH_2-Adsorbat mit dem Zeolith und mit sich selbst in gleicher Weise wie oben eingesetzt. Die erhaltenen Ergebnisse sind in Abb. 13 dargestellt. Zusätzlich wurden innermolekulare Behinderungspotentiale für die CH_2-Gruppen der *n*-Alkane eingeführt [40, 41].

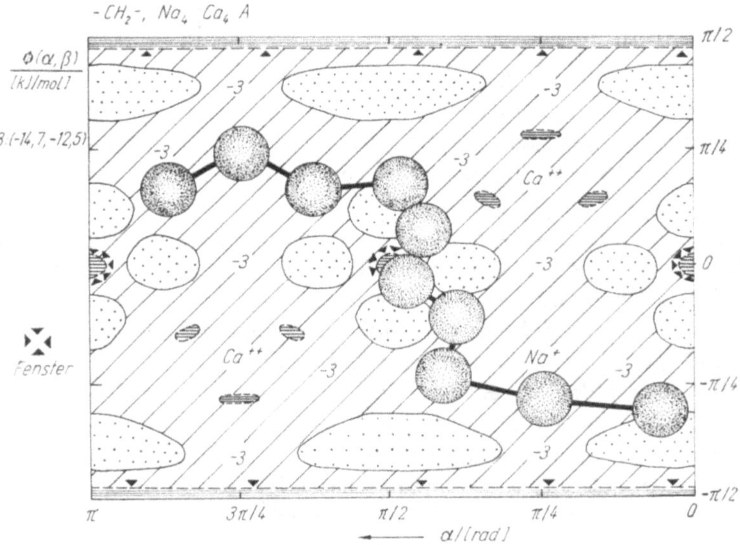

Abb. 13 Winkelnetzprojektion der radialen Energieminima einer CH_2-Gruppe in einem Hohlraum des Zeolithen NaCaA

Die MONTE-CARLO-Berechnungen erfolgten für die Ein- und Zweifachbesetzung des Hohlraumes. Die in den Hohlraum führenden Poren waren blokkiert, um eine Wechselwirkung durch die Fensteröffnungen zu verhindern. Die Rasterung entsprach 768 t – Realisierungen. Aus der erhaltenen temperaturabhängigen Zustandssumme wurden mit Hilfe der Zellentheorie die differentiellen Energiedifferenzen zum Gaszustand berechnet. Der Gaszustand wurde zu diesem Zweck ebenfalls mit der MONTE-CARLO-Methode unter Verwendung nur der innermolekularen Potentiale (ansonsten im potentialfreien Raum) simuliert. Die Ergebnisse zeigt die Abb. 14. Neben einer Verschiebung der berechneten gegenüber den experimentellen Kurven um etwa 10 kJ/mol

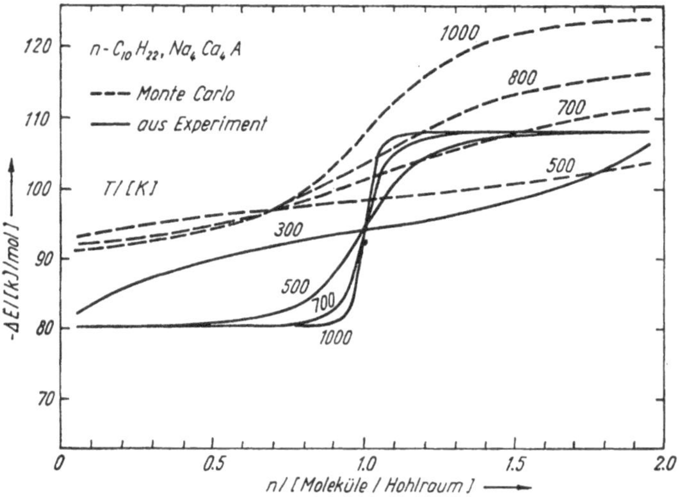

Abb. 14 Differentielle Adsorptionsenergie nach MONTE-CARLO (— — — — —) und aus dem Experiment (————) des Adsorptionssystems n-Decan, NaCaA

zeigen auch die Ergebnisse der MONTE-CARLO-Berechnungen (zwar bei etwas gegenüber dem Experiment abweichenden Temperaturen) die Stufe in der Energiekurve beim Übergang von der Besetzung mit einem n-Decanmolekül zur Zweifachbesetzung des Hohlraumes. Damit bestätigt die a priori Berechnung die Schlußfolgerungen der a posteriori Auswertung der Meßergebnisse.

Bei der Untersuchung der Anwendbarkeit der Gleichungen der Zellentheorie insbesondere auf die Adsorption von n-Kohlenwasserstoffen, wie auch als Ergebnis der MONTE-CARLO-Rechnungen ergibt sich die Aussage, daß die Entropie und Energie der niedrigen Besetzungszustände des Zeolithhohlraumes nur schwach temperaturabhängig sind. Dadurch können sie in einem nicht zu großen Temperaturintervall als konstant angesehen werden. Daraus leitet sich wiederum eine zweckmäßige Darstellung und Extrapolationsform zeolithischer Adsorptionsgleichgewichtsdaten ab [32], die im Abschnitt 3.4. behandelt wurde.

4.3. Schlußfolgerungen zur weiteren Entwicklung einer Theorie der Adsorption an mikroporösen Adsorbentien

Ziel einer allgemeinen Theorie der Adsorption an mikroporösen Adsorbentien ist die Vorausberechnung zumindest des Adsorptionsgleichgewichtes. Darin müssen natürlich die Struktur des Adsorbens, der Adsorbatmoleküle und die Wechselwirkung in die Theorie eingehen. Die Zellentheorie leistet ihren Beitrag, indem das Gesamtsystem in kleine Teilsysteme zerlegt wird. Bei geeigneter Wahl der Zellen wird damit das Problem auf die Berechenbarkeit dieser Zellen reduziert. Die Zellen enthalten jetzt einen Teil des Festkörpers (Clustermodell) und besitzen mehrere Besetzungszustände mit Adsorbatmolekülen. Die Berechnung dieser Zustände verlangt die Kenntnis der Wechselwirkungspotentiale, die sich aus der Theorie der schwachen Wechselwirkung ergeben müssen. Die Berechnung erfolgt dann durch Integration der zugehörigen Phasenräume, die von einem Satz äußerer Lage- und innerer molekularer Koordinaten aufgespannt werden (z.B. [40, 49]). Für numerische Integrationsverfahren sind die Dimensionen der Phasenräume zu hoch und es müssen MONTE-CARLO-Methoden [50] eingesetzt werden. Dieser Schritt entspricht der klassischen statistischen Mechanik. Auf dieser Ebene spielen quantenmechanische Effekte eine geringe Rolle [64].

Die skizzierte allgemeine Theorie der Adsorption an mikroporösen Adsorbentien besteht damit aus mehreren Stufen:

1. Bestimmung der Wechselwirkung von Adsorbat-Molekülen mit Adsorbens-Clustern und Adsorbat-Adsorbat in Anwesenheit des Adsorbens auf quantenchemischer (ab initio) Grundlage für eine genügende Anzahl wahrscheinlicher Positionen [52].
2. Konstruktion eines analytischen Ausdruckes für das Wechselwirkungspotential, das damit die Wechselwirkung von diesen Positionen inter- und extrapoliert.
3. Klassische Integration des kanonischen Ensembles mit Hilfe der MONTE-CARLO-Methode, um die kanonischen Zustandssummen einschließlich ihrer Temperaturabhängigkeit für die Besetzungszustände des als Zelle bezeichneten Adsorbat-Adsorbens-Cluster zu erhalten.
4. Berechnung der Isothermen und der übrigen thermodynamischen Funktionen mit Hilfe der Zellentheorie.

Dieser Weg ist gegenwärtig nur für wenige Systeme gänzlich begehbar, so daß Teilabschnitte, wie z.B. das Potential, durch empirische Ausdrücke oder mit Hilfe vereinfachter Annahmen gewonnen werden müssen [40].

Aus Erfahrungen, die mit Hilfe der vollständigen Durchrechnungen gesammelt werden, kann dann die Zweckmäßigkeit der Anwendung einfacherer und empirischer Theorien abgeschätzt werden.

5. *Zusammenfassung*

Von DUBININ und seiner Schule wurden phänomenologische Theorien der Adsorption an mikroporösen Adsorbentien ausgearbeitet und weiterentwickelt, die sich insbesondere bei der Beschreibung des Adsorptionsgleichgewichtes an mikroporösen Kohlen bewährten. Weiter wurde auch die statistische Thermodynamik zur Aufstellung von Adsorptionsmodellen eingesetzt, wodurch strukturelle Besonderheiten der Adsorbentien (Zeolithe) berücksichtigt werden konnten.

Umfangreiches eigenes experimentelles Material zur Adsorption von *n*-Paraffinen und von einfachen polaren Molekülen sowie Angaben der Literatur zur Adsorption unpolarer Adsorbate erlauben eine schärfere Bestimmung der Anwendungsgrenzen der von den Theorien für die genannten zeolithischen Adsorptionssysteme gelieferten Isothermengleichungen.

Aus dem Vergleich der Anwendbarkeit dieser Gleichungen für in der vorliegenden Arbeit behandelte und weitere, hier nicht aufgeführte Systeme, d.h. für *n*-Paraffine bis zu einer Kettenlänge von Oktadecan, für stärker polarisierbare Moleküle wie Olefine und Aromaten, für Edelgase und einfache polare Moleküle wie Wasser und Ammoniak an zeolithischen Adsorbentien vom A-, X-, Y- und USEX-Typ, folgt, daß den statistisch-thermodynamischen Ansätzen der Vorrang zu geben ist. Die Meßkurven lassen sich mit hoher Genauigkeit beschreiben, und es können weitere charakterisierende Funktionen berechnet werden, die aus den empirischen Gleichungen nicht zu gewinnen sind. Dabei ist es zweckmäßig, mit zunehmender Größe der Eintrittsporen zu den Hohlräumen größere Zellen zu wählen, womit die Lokalisierung des Adsorbates abgeschwächt wird. Es läßt sich zeigen, daß die Zellentheorie bei starker Abschwächung der Lokalisierung und Zuordnung der Zellentypen zu Energiebereichen die Theorie der Volumenausfüllung näherungsweise deduziert.

Schon bei Verwendung empirischer Potentialansätze kann diese Approximation durch Integration im hochdimensionalen Phasenraum einer Zelle mit Hilfe der Monte-Carlo-Methode numerisch nachgewiesen werden. Die phänomenologischen Theorien werden damit unter bestimmten Bedingungen zu zweckmäßigen Vereinfachungen der allgemein gültigen Beziehungen der statistischen Thermodynamik.

Literatur

[1] Flanigen, E., Rees, L. V. C.: Proceedings of V. International Conference on Zeolites, London, Heyden 1980, 760.

[2] Seidel, G., Welker, J., Ermischer, W., Wehner, K.: Chem. Techn. 31 (1979) 405.

[3] Dubinin, M. M.: Adsorbcija i poristost, Moskva, 1972.

[4] Walker, P. L., Austin, L. G., Nandi, S. P.: Chemistry and Physics of Carbon, Vol. **1**, New York, M. Dekker, 1965, 257.

[5] Dubinin, M. M.: Chemistry and Physics of Carbon, Vol. **2**, New York, M. Dekker, 1966, 94.

[6] Dubinin, M. M.: Progress in Surface and Membrane Science, Vol. **9**, New York, 1975, 1.

[7] Stach, H.: Promotion B, Forschungsbereich Chemie der AdW der DDR, Berlin, 1977.

[8] Fiedler, K., Stach, H., Schirmer, W.: Physical Adsorption, Proc. II Czechosl. Conf. Phys. Adsorption, Liblice, 1975, 19.

[9] Fiedler, K., Stach, H., Schirmer, W.: Adsorption of Hydrocarbons in Zeolites, Vol. **1**, Berlin, Zentralinstitut für Phys. Chemie, AdW der DDR, 75.

[10] Stach, H., Thamm, H., Fiedler, K., Schirmer, W.: Adsorption of Hydrocarbons in Zeolites, Vol. **1**, Berlin Zentralinstitut für Phys. Chemie, AdW der DDR, 85.

[11] Stach, H., Fiedler, K., Schirmer, W.: Adsorption of Hydrocarbons in Zeolites, Vol. **1**, Berlin, Zentralinstitut für Phys. Chemie, AdW der DDR, 94.

[12] Meinert, G.: Dissertation, Humboldt-Universität zu Berlin, Berlin, 1969.

[13] Peinze, T.: Promotion A, Forschungsbereich Chemie der AdW der DDR, Berlin, 1973.

[14] Throl, U.: Promotion A, Forschungsbereich Chemie der AdW der DDR, Berlin, 1977.

[15] Sichhart, K. H., Stach, H., Schirmer, W.: Z. phys. Chemie, im Druck.

[16] Calvet, E., Prat, H.: Microcalomitre, Paris, 1956.

[17] Schirmer, W., Stach, H., Thamm, H., Dubinin, M. M., Isirikjan, A. A., Regent, N. L., Anakcan, E. Ch.: Z. phys. Chem., **261** (1980), 1129.

[18] Thamm, H.: unveröffentlichte Ergebnisse.

[19] Freude, D., Stach, H.: Adsorbcija i poristost, Moskva, Nauka, 1976, 96.

[20] Dubinin, M. M.: Uspechi chimii, **46** (1977) 1929.

[21] Dubinin, M. M., Zaverina, E. D., Raduskevic, L. V.: Z. fiz. Chim., **21** (1947) 1351.

[22] Polanyi, M.: Trans. Faraday Soc., **28** (1932) 316.

[23] Polanyi, M.: Verhandl. deutsch. phys. Ges., **16** (1914) 1012.

[24] Dubinin, M. M., Raduskevic, L. V.: Dokl. AN ASSR, **55** (1943) 531.

[25] Dubinin, M. M., Astachov, V. A.: Izv. AN SSSR, 1971, **1**, 11.

[26] Hobson, P.: J. Chem. Phys. (1961) 1850.

[27] Fiedler, K.: Unveröffentlichte Ergebnisse.

[28] Bakaev, V. V.: Dokl. AN SSSR, **167** (1966) 369.

[29] Bernache-Assolant, D., Thomas, G.: J. de Chim. Phys., **72** (1975) 1241; **73** (1976) 967; **73** (1976) 975.

[30] Jänchen, J.: Promotion A, Forschungsbereich Chemie der AdW der DDR, 1983.

[31] Beresin, G. I., Kiselev, A. V., Sinycin, V. A.: Z. fiz. Chim., **59** (1980) 251.

[32] Schirmer, W., Fiedler, K., Stach, H.: Molecular Sieves – II, ACS – Symp. Ser. **40**, Amer. Chem. Soc., Washington DC., 1977, 305.

[33] Fomkin, A. A., Serpinskij, V. V., Bering, B. P.: Izv. AN SSSR, 1975, 1931.

[34] Rabinovic, V. A., Vasserman, A. A., Nedostop, V. I., Veksler, L. S.: Teplofizeskie svojstva neona, argona, kriptona i ksenona, Isd. standartov, Moskva, 1976.

[35] Fiedler, K., Stach, H., Schirmer, W.: Doklady 5. vsesojusnoj konferencii po teoreticeskim voprosam adsorbcii, vypusk I, Moskva, 1979, 28.

[36] Fiedler, K., Peinze, T., Stach, H., Schirmer, W.: Chem. Techn., **31** (1979) 632.

[37] Stach, H., Fiedler, K.: Z. phys. Chem., **261** (1980) 246.

[38] Heller, R.: J. chem. Phys., **9** (1941) 154.

[39] Spangenberg, H. J., Fiedler, K., Ortlieb, H. J., Schirmer, W.: Z. phys. Chem., **248** (1971) 49.

[40] Fiedler, K., Lohse, U., Sauer, J., Stach, H., Thamm, H., Schirmer, W., Rees, L. V. C.: Proceedings of the V. Int. Conference on Zeolites, London, Heyden, 1980, 490.

[41] Stuart, H. A.: Molekülstruktur, Berlin, 1967.

[42] FIEDLER, K., STACH, H.: Vortrag auf der VI. Allunions-Konferenz zu theoretischen Fragen der Adsorption, Moskau, 1979.

[43] HAHN, G. J., SHAPIRO, S. S.: Statistical Models in Engineering, J. Wiley, New York, 1967, S. 132.

[44] BERING, B. P., SERPINSKIJ, V. V.: Izv. AN SSSR, 1974, 2427.

[45] NIKOLAEV, K. M., DUBININ, M. M.: Izv. AN SSSR, 1958, 1165.

[46] SLATER, J. C., KIRKWOOD, J. G.: Phys. Rev., **37** (1931) 682.

[47] MARGENAU, H.: Rev. mod. Phys., **B 11** (1939) 1.

[48] LENNARD-JONES, J. E.: Proc. Royal Soc. London (A), **129** (1930) 598.

[49] KRETSCHMER, R. G., FIEDLER, K.: Z. phys. Chem., **258** (1977) 1045.

[50] BINDER, K.: Topics in Current Physics, Vol. **7**, Springer, Berlin, 1979.

[51] BAKAEV, V. V., SMIRNOVA, L. F.: Izv. AN SSSR, 1978, 284.

[52] SAUER, J., FIEDLER, K., SCHIRMER, W., ZAHRADNIK, R., REES, V. C.: Proceedings of the V. International Conference on Zeolites, London, Heyden, 1980, S. 501.

[53] DEININGER, D., FIEDLER, K., SAUER, J.: Tagungsband Zwischenmolekulare Wechselwirkungen, Kühlungsborn, 1980, S. 143.

[54] DUBININ, M. M., JAKUBOV, T. S.: Izv. AN SSSR, 1977, 2428.

[55] BAKAEV, V. A., DUBININ, M. M., KORCAGIN, E. J.: Izv. AN SSSR, 1977, 1712.

[56] DUBININ, M. M.: Izv. AN SSSR, 1978, 17.

[57] BERING, B. P., SERPINSKIJ, V. V.: Izv. AN SSSR, 1978, 1732.

[58] KISELEV, A. V., POSKUS, D. P.: Z. fiz. Chim., **32** (1958) 2824.

[59] BESUS, A. G., KISELEV, A. V., SEDLACEK, Z.: Pham Quang Du; Trans. Faraday Soc., **67** (1971) 468.

[60] FIEDLER, K., FOMKIN, A. A., SMIRNOVA, L. F.: Forschungsbericht, ZIPC, AdW der DDR, Berlin, 1980.

[61] FOMKIN, A. A., SELIVERSTVOVA, I. I., SERPINSKIJ, V. V., BERING, B. P.: Adsorbenty ich polucenie svojstva i primenenie A Nauka, Leningrad, 1978, 109.

[62] FOMKIN, A. A., SERPINSKIJ, V. V., BERING, B. P.: Izv. AN SSSR, 1975, 1244.

[63] SELIVERSTVOVA, I. I., FOMKIN, A. A., SERPINSKIJ, V. V.: Izv. AN SSSR, 1978, 201.

[64] BAKAEV, V. V., DUBININ, M. M., SMIRNOVA, L. F.: Dokl. AN SSSR, 234 (1977), 1104.

[65] DUBININ, M. M., FOMKIN, A. A., SELIVERSTVOVA, I. I., SERPINSKIJ, V.V., REES, L.V. C.: Proceedings of the V. International Conference on Zeolites, London, Heyden, 1980, S. 468.

[66] KIRKWOOD, J. G.: Phys. Z., **33** (1932) 57.

[67] MÜLLER, A.: Proc. Royal Soc., **A 154** (1936) 624.

[68] FIEDRICH, G.: Promotion A, Humboldt-Universität zu Berlin, Berlin 1969.

[69] STACH, H., K. FIEDLER: Sitzungsberichte der AdW der DDR 1 N/1981, 43; 3 N/1981, 86.

Michail Michailowitsch Dubinin

Microporous Structures of Carbonaceous Adsorbents

It is with particular pleasure that I present a scientific paper on my recent researches to the scientists and guests of the Leipzig Karl Marx University. The Sorption Processes Department at the Institute of Physical Chemistry of the U.S.S.R. Academy of Sciences, which is headed by me, maintains close scientific and friendly ties with the Section of Physics of the Leipzig University, supervised by Professor PFEIFER, and with the Central Institute of Physical Chemistry of the G.D.R. Academy of Sciences presided by Professor SCHIRMER. Our mutual scientific interests have been centred on synthetic zeolites - porous mineral adsorbents. Among the various lines of investigation the problem of transport, or diffusion of substances in porous crystals of zeolites has been of common interest.

My own investigations in the last 5–7 years, however, were mainly concerned with the porous structure and adsorption properties of carbonaceous adsorbents, or active carbons, which are also known to be widely applied in modern industry and technology.

Active carbons and zeolites as adsorbents

Active carbons differ in the physical nature of interactions which are of decisive importance in adsorption. In the case of active carbons, which consist of an apolar substance - carbon, adsorption is mainly due to dispersion forces. The cations making part of the aluminosilicate skeletons of zeolites determine the prevailing adsorption interactions of an electrostatic nature in adsorption of polar substances.

In distinction to zeolites, the porous structure of carbonaceous adsorbents bears a polymodal character. According to the classification of adsorbent pores by their linear sizes x, which has been proposed by us and accepted, the varieties of active-carbon pores are [1] as follows: micropores ($x < 0.6-0.7$ nm) supermicropores ($0.6 - 0.7 < x < 1.5 - 1.6$ nm), mesopores ($1.5 - 1.6 < x < 100 - 200$ nm), and macropores ($x > 100 - 200$ nm). The smallest active carbon pores – micropores – are commensurate with the molecules absorbed. Since the adsorption potentials from the opposite walls of the micropores are superposed, the adsorption energies of the substances in the micropores are considerably increased. By way of example, the graph of Fig. 1 exhibits the dependence of the so-called net differential heats of adsorption of benzene ($q = Q - \lambda$) for an active carbon and a non-porous carbonaceous adsorbent (carbon black 950) on the comparable relative values of adsorption $a/a_{0.2}$ [2]. This considerable difference between the adsorption energies is the main reason for the fundamental difference of adsorption in micropores and on a nonporous carbonaceous adsorbent. Adsorption in micropores is characterized by volume filling of the adsorption space of the micropores, i.e. the adsorption force field [1].

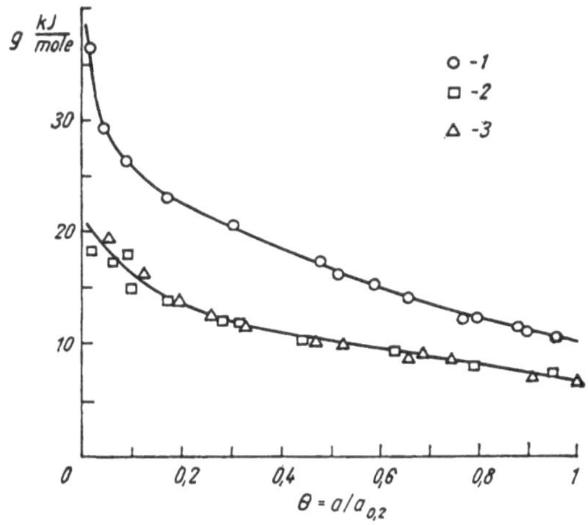

Fig. 1 Dependence of net differential heats of adsorption of benzene q at 298 K on relative adsorption values a/a_{12} denotes adsorption at $p/p_s = 0.2$) for 0 – active carbon ($W_0 = 0.38$ cm^3/g, $E_0 = 22.1$ kJ/mol), and for □ – nonporous carbon black previously on evacuation at 950 °C ($S = 87$ m^2/g)

Adsorption in the mesopores, as well as practically on the surface of a nonporous carbonaceous adsorbent, amounts to the formation of successive adsorption layers on the mesopore walls and is completed by their filling by the capillary condensation mechanism. Supermicropores are the region of intermediate porosity between micro- and mesopores. Along this region the micropore properties degenerate gradually, while the mesopore properties manifest themselves increasingly. Pores exceeding 100–200 nm in size cannot practically be filled by the capillary condensation mechanism. Therefore they are regarded as a variety of macropores. Macropores, and in many cases mesopores, play the role of transport pores in adsorption. In adsorption of gases and vapours, micro- and supermicropores are of decisive importance for adsorption. Therefore active carbons are called microporous adsorbents.

Elements of the theory of volume filling of micropores

The theory of volume filling of micropores, developed by us [3, 1–5], has been most widely applied in describing the physical adsorption of gases and vapours in the micropores of carbonaceous adsorbents. In the general equation of the theory (1)

$$a = \frac{W_0}{v^*} \exp\left[-\left(\frac{A}{\beta E_0}\right)^n\right] \tag{1}$$

a is equilibrium adsorption at a relative pressure p/p_s and a temperature T. By A is denoted the change in Gibb's free adsorption energy taken with a minus sign and expressed by Eq. (2)

$$A = RT \ln \frac{p_s}{p} \tag{2}$$

In Eq. (1), W_0 is the limiting volume of the adsorption space, or the micropore volume, E_0 is the characteristic energy of adsorption for a standard vapour, usually benzene, β is the coefficient of similarity, which is determined from the physical constants of the substance under consideration and the standard, n is an integer adopted from general considerations. The molar volume v^* of the adsorbate at a unit relative pressure depends on the temperature, and its value may also be estimated from the physical constants of the adsorptive.

The adsorption equation (1) of the theory of volume filling of micropores contains two parameters determined experimentally from a single adsorption isotherm, namely the micropore volume W_0 and the characteristic energy of adsorption E_0. For microporous carbonaceous adsorbents, the parameter n is, as a rule, equal to 2. In addition to describing adsorption equilibria over the temperature range up to 150 or 200 °C and relative pressures of the order of 10^{-6} to 0.1–0.2, the theory of volume filling of micropores forms the basis for analysis and estimation of the microporous structures of carbonaceous ad sorbents.

Formation of micropores and their parameters

The general concepts of the micropores of carbonaceous adsorbents and their formation can be schematized as follows. The starting organic materials, carbonized to the activation temperature (850–950 °C), consists of an ordered part – carbon crystallites, and an amorphous part – high-carbon radicals. The structure of the crystallites resembles that of graphite, but they are packed less regularly in the carbon bulk. The high-carbon radicals are bound with the carbon atoms of the prismatic faces of the crystallites and form regions of lower density with sizes of the order of molecular ones. In the general case carbonized organic materials contain crystallites of different sizes with diameters from 0.6 to 3 nm. The number of atomic layers of carbon in crystallites increases from 2 to 4–5 with an increase in their diameter [6, 7].

In the course of activation, at temperatures of 850–950 °C, diffusion of activating gases (H_2O, CO_2) occurs in the carbon pores, which is accompanied by a chemical reaction. The lowest-density amorphous carbon burns out first and small micropores of irregular structure appear. Here, very slight carbon burnouts lead to the formation of a considerable micropore volume [8]. Micropores with a more regular structure are formed on partial burnout of carbon layers of the crystallites. This results in the formation of slitlike micropores between the round walls, which correspond to the shape of the crystallites. The parameters of such an idealized slitlike model of micropores limited in size are the radius of the round base r and the half-width of the flat slit x. In principle, such an idealized model of a micropore requires a discrete change in parameter x.

Investigation on the scattering of X-rays by carbonaceous adsorbents yields information both on carbon crystallites and on the linear characteristics of micropores. Large-angle scattering enables on the estimate the parameters of the crystallites, in particular their diameters and height. Experimental data on small-angle scattering make it possible to determine, by the GUINIER equation, the so-called inertia radii of the micropores R_i, which depend on their linear sizes. The GUINIER equation can be represented in the form (3)

$$\ln I = \ln I_0 - bR_i^2 \varphi^2 \tag{3}$$

where I is the scattering intensity of the X-rays at an angle φ, while I_0 and b are constants.

Equation (4), similar in form, follows from Eq. (1) of the theory of volume filling of micropores:

$$\ln W = \ln W_0 - \frac{1}{E_0^2} A^2 \tag{4}$$

in which W denotes the adsorption value expressed in terms of adsorbate volumes. The identical structure of Eqs. (3) and (4) has led us to assume that the characteristic energy of adsorption E_0 and the inertia radius R_i are inversely proportional to one another. This assumption was proved convincingly by our investigations [9, 10], and can be expressed by the product

$$E_0 R_i = (14.8 \pm 0.6)\ \text{kJ} \cdot \text{nm/mol} \tag{5}$$

The inertia radius for the model of slitlike micropores limited in extent with parameters r and x, as adopted by us, is defined by Eq. (6)

$$R_i = \sqrt{\frac{r^2}{2} + \frac{x^2}{3}} \tag{6}$$

According to the condition for micropore formation the relation (7)

$$\gamma = r/x \tag{7}$$

may vary within a small range. Taking the mean value of γ to be constant, we obtain from (6) and (7), to a reasonable approximation,

$$R_i \approx x\sqrt{\frac{\gamma_2}{2} + \frac{1}{3}} \tag{8}$$

i.e. the inertia radius R_i is, to a good approximation, directly proportional to the half-width of micropores x, which is of decisive importance in determining the adsorption potentials in a slitlike micropore.

From (5) and (8) follows Eq. (9)

$$x = \frac{k_0}{E_0} \tag{9}$$

according to which the half-width of a slitlike micropore is inversely proportional to the characteristic energy of adsorption. We have shown, in a joint paper with STOECKLI, that the coefficient k_0 depends only slightly on E_0 [11]. However, for commercial active carbons $k_0 = 12.0\,\mathrm{kJ \cdot nm/mol}$, to a satisfactory approximation. Equation (9) is of great fundamental and practical importance. It establishes the quantitative relationship between the main parameters of the slitlike model of micropores and the equation of the theory of adsorption in micropores. Note that according to Eqs. (5), (8), and (9), at $k_0 = 12.0\,\mathrm{kJ\ nm/mol}$ the value of $\gamma = 1.56$. Hence, the experimental fact expressed by the condition (5) requires a near-constant ratio of the crystallite radius to the slit half-width.

Microporous zones of carbonaceous adsorbents

These concepts, which we have developed most recently, deserve some more attention [12]. Under real conditions, carbon crystallites cannot exist in adsorbents in an isolated state. Combinations of contacting and merged crystallites form microporous zones. The spaces between the crystallites are expressed as fractions of the sizes of the grains or granules themselves, as in ordinary packings of crushed or granulated materials. For the most common carbon crystallites with a diameter of about 1.5 nm [7] the sizes of such intercrystallite pores will be typical for micropores. Thus, we have micropores of two types in micropore zones: intracrystallite micropores, which are flat slits with walls formed by the basal faces of the crystallites, and intercrystallite micropores, whose walls consist of prismatic faces. The shape of these micropores is more complicated. If, however, crystallites are regarded as miniature cylinders, they can be oriented more regularly in the packings. In this case the micropore cross sections normal to the cylinder axes will be near constant, and the first approximation of such pores as slitlike ones will not be too far-fetched.

Part of the outer surface of the micropore zones forms the surface of larger meso- and macropores, which are essentially transport pores. The adsorbing pores are practically wholly concentrated in the micropore zones. As a result, the factor determining the adsorption kinetics may be mass transfer either in the transport pores or in the micropore zones themselves. Such notions of adsorbents with a biporous structure have been developed in our investigations still earlier (see, for instance, [13]). While the adsorption kinetics is determined by mass transfer in the micropore zones, the experimental data serve to determine the characteristic time, which is equal to the ratio of the square of the average size of a micropore zone to the coeffizient of diffusion in the micropore zone. Hence, to estimate the coefficients of internal diffusion one must have information on the sizes of the micropore zones from independent data. This may be one of the main parameters of the model of the porous structure of a carbonaceous adsorbent.

When selecting a model, one should at once exclude the scheme of close packing of micropore zones of arbitrary or identical shape with random arrangement, as in the packing of granular materials. Here, the total volume of the spaces between the zones, which are mesopores, will be at least 0.4 cm^3/g with micropore zones of about 0.7 cm^3/g. Such a model would rule out all the commercial active carbons, many of which have a mesopore volume in the range of 0.05–0.1 cm^3/g. Therefore it is necessary to have a model which could yield, in the limit, the volume of the mesopores, i.e. of all the spaces between unit micropore zones, equal to zero. We exclude from the model the volume of the macropores, since their specific surface area, which constitutes 0.5–2 m^2/g, is negligibly small compared with that of the mesopores.

Here are the initial assumptions for the simple model of the micro- and mesoporous structures of carbonaceous adsorbents as proposed by us [12]:

1. A unit micropore zone, consisting of a group of communicating micropores, has the shape of a small cube with side 1. All the cubes are equal in size.

2. The deviations from the closest packing of the cubes of unit micropore zones consist in the fact that some faces of the cubes merge together completely, while the others form flat slits with a half-width q. All the slits are of equal size, q.

3. The total volume of the flat slits between the micropore zones is the volume of the mesopores for the unit mass of the adsorbent v_{me}, while the total surface

of the unit micropore zones comprising it is the specific surface area of the mesopores, S_{me}.

The initial experimental data for determining the parameters of the model are the micropore volume per unit mass of the adsorbent v_{mi}, the mesopore volume v_{me}, and the specific surface area of the mesopores, S_{me}, and also per unit mass of the adsorbent and the true density of the adsorbent skeleton d from picnometric data.

The total volume of the micropore zones per unit mass of the adsorbent V_{mz} is made up of the volume of the nonporous carbon skeleton of the adsorbent

$$V_{sk} = 1/d \tag{10}$$

and the micropore volume:

$$V_{mz} = V_{sk} + v_{mi} \tag{11}$$

Let α cube sides of unit micropore zones take part on the average in the formation of mesopores, i.e. flat slits between the sides of the adjacent micropore zones. Then the specific surface area of the mesopores will be expressed, to a good approximation, by Eq. (12):

$$S_{me} = \alpha l^2 N \tag{12}$$

where N is the total number of unit micropore zones per unit mass of the adsorbent. It is obvious that, according to Eq. (13), N is the quotient of division of the volume of the micorpore zones per one gram of the adsorbent by the volume of a unit micropore zone:

$$N = \frac{V_{mz}}{1^3} \tag{13}$$

Eliminating N from Eqs. (12) and (13), we obtain Eq. (14) for calculating 1:

$$l = \alpha \frac{V_{mz}}{S_{me}} \tag{14}$$

Inserting l from Eq. (14) into Eq. (13), we get, to a good approximation, Eq. (15) for calculating N:

$$N = \frac{S_{me}^3}{\alpha^3 V_{mz}^2} \tag{15}$$

And, finally, we have a simple approximate expression (16) for the half-width of the slits, q:

$$q = \frac{v_{me}}{S_{me}} \tag{16}$$

Equations (14), (15), and (16) express the desired parameters l, N, and q for the simple model of a carbonaceous adsorbent. According to Eqs. (14) and

(15) the parameters l and N depend on the coefficient α. In the range of α from 2 to 6 the variations of l do not exceed $\pm$ 50 per cent of the mean value. Considering the crude nature of the model these variations can be neglected.

Table 1 contains data for a number of samples of active carbons with a wide range of variation in v_{me} investigated in (14, 15). The volumes of the micro-mesopores and the specific surface area of the mesopores have been determined using DUBININ and KADLEC's t/F method [16]. The specific surface areas of mesopores, as obtained from experiments with benzene at 298 K and nitrogen at 78 K, were close to one another, and therefore calculations were based on average values. The parameters of the simple model listed in Table 1 have been calculated for the value of the coefficient $\alpha = 4$, which approximates the real value.

Table 1 Parameters of the microporous structure model

AC	v_{mi} cm³/g	v_{me} cm³/g	S_{me} m²/g	V_{mz} cm³/g	l nm	q nm	$N\ 10^{-16}$ 1/g
1	0.197	0.089	46	0.673	59	1.9	0.34
4	0.223	0.146	83	0.699	34	1.8	1.8
11	0.173	0.484	135	0.649	19	3.6	9.1
14	0.128	0.760	193	0.604	12	3.9	31

According to tentative estimates the sizes of unit micropore zones 1 are of the order of tens of nm and fall in the range from 10 to 50 nm. Carbonaceous adsorbents are characterized by practically minimal sizes of slitlike mesopores, whose half-width is in the narrow range of $q = 2$–4 nm. The number of unit micropore zones per unit mass of adsorbent is of the order of 10^{16} for most of the carbonaceous adsorbents.

The tabulated parameters of the model of the porous structure of a carbonaceous adsorbent enable one to estimate the number of micropores Z in a unit micropore zone. According to DUBININ and STOECKLI (11) one can calculate the half-width x of the slitlike micropore model from the characteristic energy of adsorption E_0. For the most common carbon crystallites the volume of a single micropore will be expressed by Eq. (17)

$$\omega = 2\pi r^2 x \tag{17}$$

The total volume of the micropores in a unit micropore zone will be obtained as the quotient of division of the micropore volume per one gram of the adsorbent by the number of unit micropore zones, also per unit mass of the adsorbent. Dividing the quotient obtained by the volume of a single micropore, we find the sought - for value of Z by Eq. (18)

$$Z = \frac{v_{mi}}{N\omega} \tag{18}$$

For the case of AC - 4 we have, according to [11], $E_0 = 25.4$ kJ/mol and $x = 0.463$ nm. By (17) we find the volume of a single micropore $\omega = 1.64$ nm^3, and by (18), the number of microporos in a unit micropore zone, $Z = 7.5 \times 10^3$.

Thus, for the simple model of a porous carbonaceous adsorbent the sizes of unit micropore zones are of the order of tens of nm, while the number of micropores per unit micropore zone runs into the thousands.

Homogeneous and inhomogeneous microporous structures of carbonaceous adsorbents

Let us consider in more detail the formation of intracrystalline slitlike micropores as a result of bournout of layers of carbon atoms in the crystallites during activation of carbonized organic materials by gaseous substances. The crystallite structure may be regarded as approximately similar to that of graphite. Then the distance between the adjacent planes passing through the centres of the carbon atoms of crystallites will be 0.335 nm. Half of this value, which is equal to 0.168 nm, expresses the VAN DER WAALS radius of the carbon atoms. As one atomic layer of carbon burns out, a single flat slit with a half-width $x = 0.100$ nm is formed. The burnout of two adjacent layers of carbon at atoms results in a double flat slit with a half-width $x = 0.335$ nm. Triple slits of half-width $x = 0.503$, and quadruple slits with $x = 0.670$ are formed in a similar way.

This exhausts the range of sizes of micropores proper. We will show further on that supermicropores are formed as a result of burnout of the walls between adjacent micropores. In other words, the mechanism of formation of supermicropores evidently differs from that of micropores proper. It should be noted that in the general case single, double and other slitlike micropores may be formed both in different carbon crystallites and in a single crystallite on incomplete burnout of the carbon atom layer.

In the scheme, by using Eq. (9) or, more accurately, also taking into account the dependence of the parameter k_0 on E_0, one can calculate, according to DUBININ and STOECKLI [11], the characteristic energies of adsorption of the standard vapour, i. e. benzene, for single, double, and other micropores. Table 2 presents the results obtained.

The x and E_0 values listed in Table 2 are discrete. According to experimental data, however, the parameters W_0 and E_0 vary continuously during carbon activation. It would be natural to explain this by simultaneous formation of micropores of different sizes, for instance double and triple, in the ratio χ, which varies continuously in the course of activation. We note that practically only double, triple, and quadruple pores can be involved since single pores are accessible solely to the smallest molecules of simple gases and vapours and are practically nonexistent in normally activated carbons.

Table 2 Discrete values of characteristic energies

Multiplicities of slitlike micropores	x, nm	E_0, kJ/mol
single	0.168	40.2
double	0.335	31.2
triple	0.503	23.9
quadruple	0.670	18.8

An analysis of adsorption properties, with respect to benzene at 293 K, of model samples of active carbons containing, in different ratios, micropores of different sizes from double to quadruple with discrete parameters E_0 given in Table 2, was made from the standpoint of the theory of volume filling of micropores. The adsorption values were calculated by the equation:

$$W = W_0(\chi_1\theta_1 + \chi_2\theta_2 + \chi_3\theta_3) \tag{19}$$

at

$$\chi_1 + \chi_2 + \chi_3 = 1 \tag{20}$$

where $\theta_i = a_i/a_{0i}$ is the filling of the volume of the adsorption space constituting $\chi_i W_0$, where W_0 is the total limiting asdorption value, or the total micropore volume. The adsorption values calculated by (19) were analyzed graphically for the applicability of the adsorption equation (1) of the theory of volume filling of micropores at $n = 2$. The main conclusion was that the isotherm of total adsorption according to (19) was described by Eq. (1) in the usual range of equilibrium relative pressures from 5×10^{-6} to 0.2 with deviations not exceeding 5 per cent. The characteristic energies of adsorption E_0 determined from the graphs were very close to those calculated by the additivity principle using the equation:

$$E_0 = \Sigma\chi_i E_{0i} \tag{21}$$

where E_{0i} are the discrete values given in Table 2. Thus, the inhomogeneity of the micropores proper practically does not affect the applicability of the adsorption equation (1) of the theory of volume filling of micropores. In this sense, we regarded as „homogeneous" microporous carbonaceous adsorbents to which Eq. (1) at $n = 2$ is applicable over the above-mentioned wide range of equilibrium relative pressures.

For active carbons containing supermicropores, i.e. characterized by a wider distribution of micropore volume by sizes, one observes the characteristic deviation of the experimental adsorption isotherm from the linear shape of Eq. (1) of the theory of volume filling of micropores (at $n = 2$):

$$\ln W = \ln W_0 - \frac{1}{E_0^2} A^2 \tag{22}$$

In Eq. (22), the adsorption values are expressed in terms of the volumes of the substance adsorbed, W. The graph of Fig. 2 depicts, in linear form, the adsorption isotherm of benzene vapours at 293 K on active carbon with a wide micropore distribution. The deviation of the points of the experimental adsorption isotherm is well noticeable at A^2 close to 30.

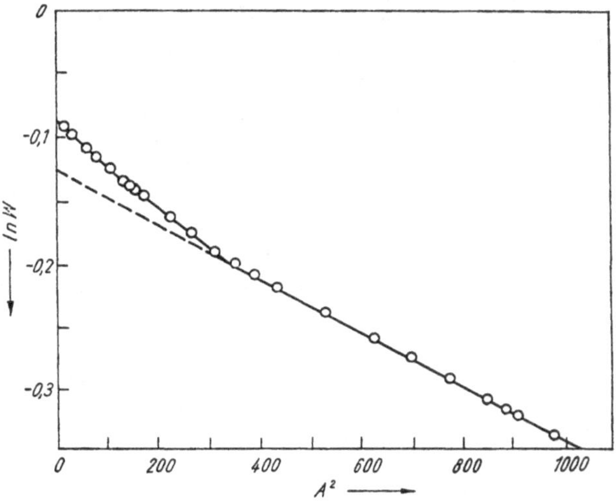

Fig. 2 Adsorption isotherm of benzene at 293 K in linear form of Eq. (22) on active carbon AG with a wide micropore distribution ($W_{01} = 0.219$ cm³/g, $E_{01} = 23.0$ kJ/mol., $W_{02} = 0.221$ cm³/g, and $E_{02} = 12.7$ kJ/mol.)

Generalization of the theory of volume filling of micropores to the case of wide pore volume distribution was made by STOECKLI [17,11]. However, the equation obtained, which the authors named the DUBININ, RADUSHKEVICH, STOECKLI equation (DRS), is approximated with a high accuracy by the two-term equation of the theory of volume filling of micropores:

$$W = W_{01} \exp\left[-\left(\frac{A}{E_{01}}\right)^2\right] + W_{02} \exp\left[-\left(\frac{A}{E_{02}}\right)^2\right] \tag{23}$$

where W_{01} and E_{01} are the micropore volume and the characteristic energy of adsorption in micropores, while W_{02} and E_{02} are the corresponding values for supermicropores. These parameters are determined from the experimental adsorption isotherm on the basis of Eq. (23) [1]. Table 3 compares the applicability of the DRS equation and Eq. (23) to a wide range of adsorptives [11].

As seen from Table 3 equations DRS and (23) describe the experimental results with practically equal accuracy. The parameters of Eq. (23) characterize quantitatively the microporous and supermicroporous components, respectively, of the adsorbing pores.

Table 3 Comparing average experimental volumes of vapours adsorbed by active carbon F-02: N_2 (78, 249, 273, and 318 K), Xe (226, 273, and 323 K), SiF_6 (255, 273, and 316 K), C_6H_6 (273 and 327 K), and n-C_4H_{10} (273 K) with those calculated by equations DRS and (23)

P/P_s	W, cm³/g experiment	DRS equation	Eq. (23)
2.25×10^{-10}	0.0020	0.0024	0.0020
1.50×10^{-7}	0.020	0.020	0.023
1.30×10^{-5}	0.093	0.097	0.102
3.89×10^{-4}	0.244	0.238	0.228
3.87×10^{-3}	0.395	0.386	0.391
8.30×10^{-2}	0.581	0.577	0.579
1.73×10^{-1}	0.610	0.608	0.609

Such adsorbents may tentatively be regarded as having an inhomogeneous microporous structure [11].

It should be noted in conclusion that we are still at the initial stage of investigation into the real porous structures of carbonaceous adsorbents. Much remains to be done, and I would be glad if my dear friends and colleagues from the German Democratic Republic took part in this work.

References

[1] DUBININ, M. M.: Progr. Surface Membrane Sci., **9**, (1975) 1—70.
[2] BABAYEV, P. I., DUBININ, M. M., ISIRIKIAN, A. A.: Izv. AN SSSR, Ser.khim., 1929, 1976.
[3] DUBININ, M. M., ZAVERINA, E. D., RADUSHKEVICH, L. V.: Zh. fiz.khimii, **21** (1947) 1351.
[4] DUBININ, M. M.: Zh. fiz.khimii, **39** (1965) 1305.
[5] DUBININ, M. M., ASTAKHOV, V. A.: Izv. AN SSSR, Ser.khim., 1971, 5, 11, 17.
[6] HIRSCH, P. B.: Proc. Roy. Soc., **A226**, (1954) 145.
[7] DIAMOND, R.: Proc. Third Conference on Carbon, Pergamon Press, 367 (1959).
[8] DUBININ, M. M.: Proc. Fourth Intern. Symposium in Reactivity of Solids, Amsterdam, 643 (1961).
[9] DUBININ, M. M., PLAVNIK, G. M., ZAVERINA, E. D.: Carbon, **2** (1964) 261.
[10] DUBININ, M. M., PLAVNIK, G. M.: Carbon, **6** 183 (1966).
[11] DUBININ, M. D., STOECKLI, H. F.: J. Colloid Interface Sci., **74** (1980) 34.
[12] DUBININ, M. M.: Doklady AN SSSR (in the press).
[13] DUBININ, M. M., ERASHKO, I. T., KADLEC, O., ULIN, V. I.: Carbon, **13** (1975) 193.
[14] DUBININ, M. M., ZHUKOVSKAYA, E. G.: Izv. AN SSSR, OKhN, 1958, 535.
[15] DUBININ, M. M., ZHUKOVSKAYA, E. G.: Izv. AN SSSR, OKhN, 1959, 1705.
[16] DUBININ, M. M., KADLEC, O.: Carbon, **13**, (1975) 263.
[17] HUBER, H., STOECKLI, H. F., HOURIET, J. PH.: J. Colloid Interface Sci., **67** (1978) 195.

ISSN 0138–3956

FSC
www.fsc.org
MIX
Papier | Fördert gute Waldnutzung
FSC® C083411

Zeitfracht Medien GmbH
Ferdinand-Jühlke-Straße 7
99095 Erfurt, Deutschland
produktsicherheit@kolibri360.de